高等学校计算机专业教材精选 算法与程序设计

朱 毅 徐琳宏 刘 鑫 项 聪 编著

Java

程序设计基础

（微课版）

清华大学出版社

北京

内 容 简 介

面向对象程序设计是高等学校计算机学科核心专业课程，是培养学生软件设计能力的重要课程，在计算机学科的本科教学中起着非常重要的作用。Java 语言是目前功能较强、应用较广泛的一种完全面向对象程序设计语言，具有面向对象、与平台无关、安全性强等特点。因此，以 Java 语言作为程序设计和面向对象方法的基础训练课程所使用的编程语言是十分恰当的。全书共 11 章，第 1 章是认识 Java 语言，第 2 章是 Java 语言编程基础，第 3 章是数组，第 4 章是类与对象，第 5 章是继承与多态，第 6 章是抽象类与接口，第 7 章是包与访问权限，第 8 章是异常处理，第 9 章是字符串，第 10 章是常用工具类，第 11 章是综合项目案例。书中实例侧重实用性和启发性，趣味性强、难易适度、通俗易懂，使读者能够快速掌握面向对象编程的基础知识、编程思想，以及主流开发平台工具的使用技巧，为适应实战应用打下坚实的基础。

本书可作为高等院校计算机及相关专业本科生的"面向对象程序设计"课程的教材，也可作为有一定经验的软件工作人员的参考用书。

图书在版编目（CIP）数据

Java 程序设计基础：微课版/朱毅等编著. —北京：清华大学出版社，2022.1（2022.8重印）
高等学校计算机专业教材精选. 算法与程序设计
ISBN 978-7-302-59454-3

Ⅰ. ①J… Ⅱ. ①朱… Ⅲ. ①JAVA 语言－程序设计－高等学校－教材 Ⅳ. ①TP312.8

中国版本图书馆 CIP 数据核字（2021）第 216648 号

责任编辑：张 玥 常建丽
封面设计：常雪影
责任校对：徐俊伟
责任印制：宋 林

出版发行：清华大学出版社
　　　　网　　　址：http://www.tup.com.cn，http://www.wqbook.com
　　　　地　　　址：北京清华大学学研大厦 A 座　　　　邮　　编：100084
　　　　社 总 机：010-83470000　　　　邮　　购：010-62786544
　　　　投稿与读者服务：010-62776969，c-service@tup.tsinghua.edu.cn
　　　　质量反馈：010-62772015，zhiliang@tup.tsinghua.edu.cn
　　　　课件下载：http://www.tup.com.cn，010-83470236
印 刷 者：北京富博印刷有限公司
装 订 者：北京市密云县京文制本装订厂
经　　销：全国新华书店
开　　本：185mm×260mm　　印　张：18.75　　　　字　　数：468 千字
版　　次：2022 年 1 月第 1 版　　　　　　　　　印　　次：2022 年 8 月第 2 次印刷
定　　价：59.00 元

产品编号：092536-01

前　　言

本书以"理论性、实用性、新技术"为编写目标,全面、系统地介绍 Java 面向对象编程语言的基本知识、运行机制、多种编程方法和技术,将面向对象程序设计思想贯穿其中;程序设计训练穿插在理论叙述中,以多个典型实例体现和巩固理论基础知识;讲解深入浅出,通俗易懂,易学易用;每章安排有课堂练习与习题,题目形式多样,生动有趣,难度逐步增加;丰富的实例可以开阔学生的视野,使学生尽快具备应用程序开发能力,并培养良好的程序设计习惯。

全书共 11 章。第 1 章介绍 Java 语言的发展历程、开发环境,以及应用程序的编辑、编译与运行过程。第 2 章介绍 Java 语言的编程基础知识,包括关键字和标识符、变量和常量的定义和使用、数据分类及转换方式、运算符与表达式和程序控制结构等。第 3 章介绍数组,包括一维数组和多维数组的定义和使用、数组的内存分配方式、不规则数组的使用等。第 4 章介绍类与对象相关知识,包括类和对象的定义与创建、构造方法的定义和使用、对象的内存分配、变量的种类及不同变量的区别、实例方法与类方法的区别和应用、this 的用法、方法传值和传地址的区别,以及方法重载等。第 5 章介绍继承与多态的相关知识,包括子类对象的创建、继承关系中的内存分配、方法重写和方法重载的应用及它们两者的区别、引用类型转换中的上转型和下转型、多态的两种形式、final 修饰符的用法及 Object 类等。第 6 章介绍抽象类与接口,包括抽象类与抽象方法的概念与关系、接口的概念和应用、接口回调技术,以及接口与抽象类的区别等。第 7 章介绍包与访问权限,包括包的概念、包的创建和引入、常用系统包、访问权限修饰符的使用、内部类的使用,以及包装类的概念和应用等。第 8 章介绍异常处理,包括异常的概念、异常类的层次结构、常见的异常类、异常的处理机制,以及自定义异常类的定义和使用等。第 9 章介绍字符串,包括 String 类的创建方式与主要方法的使用、StringBuilder 类的创建方式与主要方法的使用、StringTokenizer 类的使用等。第 10 章介绍常用工具类,包括 Scanner 类、Date 类、Calender 类、Math 类的使用等。第 11 章介绍综合项目案例,通过员工管理系统项目案例开发,加深学生对 Java 语言基本语法及面向对象编程的主要内容和编程思想的理解,综合培养实践应用能力。

由于编者水平有限,书中难免存在不妥之处,欢迎广大读者批评指正。

编　者

2021 年 6 月

目　　录

第 1 章　认识 Java 语言

知识要点：

1. Java 语言的发展历程

2. Java 语言的特点

3. Java 开发环境的搭建

4. 第 1 个 Java 程序

5. Java 程序编程规范

6. 注释

学习目标：

通过本章的学习，读者可以了解 Java 语言的发展历程、Java 程序的开发环境；掌握 Java 语言的特点，JDK 环境的配置，Java 应用程序的编辑、编译与运行过程；使用开发工具 Eclipse 编写 Java 程序。

1.1　Java 语言的发展历程

Java 语言是 Sun Microsystems 公司（简称 Sun 公司）推出的一门编程语言。Sun 公司对 Java 语言的定义是：一种简单、面向对象、分布式、稳健性、安全性、平台独立与可移植性、多线程、动态性的语言。Java 语言具备"一次编写，随处运行"的特点，它不仅是一门编程语言，更是一个平台，提供了开发类库、运行环境、部署环境等一系列支持功能，已经成为网络和大数据时代的重要编程语言之一。

20 世纪 90 年代，硬件领域出现了单片式计算机系统，这种价格低廉的系统一出现就立即引起自动控制领域人员的关注，因为它可以大幅提升消费类电子产品（如电视机机顶盒、烤箱、移动电话等）的智能化程度。Sun 公司为了抢占市场先机，在 1991 年成立了 Green 项目小组，詹姆斯·高斯林、帕特里克、麦克·舍林丹和其他几个工程师一起组成的工作小组在加利福尼亚州门洛帕克市沙丘路的一个小工作室里研究开发新技术，专攻计算机在家电产品上的嵌入式应用。

该小组的第 1 个项目是设计类似有线电视机机顶盒的设备。这种设备内存较小，CPU 处理能力也很弱，不同生产商采用的硬件设备也不同，所以该小组的研究目标是研究出一种和设备无关的编程语言，它可以在很少的内存和较弱的 CPU 情况下很好地运行，这就是 Java 语言的雏形。当时，这是非常具有前瞻性的项目，Sun 公司预计不久的将来智能消费电子产品将有巨大的商机，而现在的科技发展也证实了这一点。该小组的负责人就是现在被尊称为"Java 之父"的詹姆斯·高斯林。

詹姆斯·高斯林最初把这种与平台无关的语言命名为 Oak（橡树），据说可能是因为当时办公室窗外有一棵茂盛的橡树。但是时运不济，Green 小组的第 1 个机顶盒项目就没有中标，这差点导致该项目组解散。后来，该小组又设计了 Star 7，一个类似 PDA（掌上电脑）

的设备,不过也没有引起公司的重视。接下来的几年,由于智能消费电子的市场需求并没有预期那样好,加上 Oak 在投标项目上的失利,Oak 语言几度面临夭折,与此同时 Internet 逐渐发展起来,Oak 几经改造转向网络。当 Sun 公司准备注册商标时,发现 Oak 已经被别的公司注册了。某一天,詹姆斯·高斯林喝着一杯热气腾腾的爪哇岛(太平洋上的一个小岛)咖啡,正在苦思冥想,在感叹这种咖啡醇香的同时,也随性地决定以 Java 命名他创造出的这门语言。直到现在,Java 语言的图形商标还是一杯冒着热气的咖啡。

在 Java 语言的发展历程中,有如下几个里程碑式的事件。

1995 年 5 月 23 日,Sun 公司发布 Java 1.0 版,于是 5 月 23 日这一天就成为 Java 语言的生日。

1996 年 1 月,Sun 公司发布了 Java 语言的第 1 个开发工具包(JDK 1.0),这标志着 Java 语言成为一种独立的开发工具。

1998 年 12 月 8 日,第二代 Java 平台的企业版 J2EE 发布。1999 年 6 月,Sun 公司发布了第二代 Java 平台(简称为 Java 2)的 3 个版本:J2ME(Java 2 Micro Edition,Java 2 平台的微型版),应用于移动、无线及有限资源的环境;J2SE(Java 2 Standard Edition,Java 2 平台的标准版),应用于桌面环境;J2EE(Java 2 Enterprise Edition,Java 2 平台的企业版),应用于企业级环境。Java 2 平台的发布,是 Java 语言发展过程中最重要的一个里程碑,标志着 Java 语言的应用开始普及。

2000 年 5 月,JDK 1.3、JDK 1.4 和 JDK 1.5 相继发布,几周后就获得 Apple 公司 Mac OS X 的工业标准的支持。

2005 年 6 月,在 Java One 大会上,Sun 公司发布了 Java SE 6。此时,Java 的各种版本已经更名,取消原有命名中的数字 2。如 J2EE 更名为 Java EE,J2SE 更名为 Java SE,J2ME 更名为 Java ME。

2009 年,Oracle(甲骨文)公司宣布收购 Sun 公司。Java 语言成为该公司的主打开源项目。

2011 年,甲骨文公司举行了全球性活动,以庆祝 Java SE 7 的正式发布。

在随后的发展中,Java 语言不断升级版本,直到现在主流的 Java SE 15 版本。

1.2 Java 语言的特点

Java 语言是当今使用较为广泛的网络编程语言之一。它具有简单性、面向对象、分布式、编译和解释性、稳健性和安全性、平台独立与可移植性、多线程等特点。

1. 简单性

Java 语言摒弃了 C、C++ 语言中难以理解、容易混淆的特性,如指针、结构体、共用体、运算符重载等。Java 语言能够实现内存中无用单元的自动回收,使用户不必为存储管理问题烦恼,能将更多的时间和精力花在研发上。

2. 面向对象

Java 语言认为世界上的万事万物都可以看成对象,并且能够通过编程的方式使这些对象相互协调完成复杂的系统,这种编程模式更符合人类的思维方式。例如,银行的 ATM 系统,可以理解为银行卡对象、ATM 对象及银行账户对象之间的交互,来完成存钱、取钱和转账等业务。面向对象的语言能够通过"封装性"把算法和数据有机地融合在一起,通过"继承性"让编程的内涵更容易扩展,通过"多态性"让行为表现出多样性。

3. 分布式

Java语言支持各种层次可靠的流式网络连接,可以产生分布式的客户端和服务器端。

4. 编译和解释性

Java程序首先需要通过编译器转换成一种称为字节码的"中间代码",然后字节码文件在Java虚拟机(JVM)上解释执行,这也就是Java程序能够独立于平台运行的主要原因。

5. 稳健性和安全性

Java语言是一种强类型语言,其语法更严谨、可靠。例如,在定义变量时必须指定数据类型,并且严格区分大小写;不支持指针操作;自动垃圾回收机制可以有效预防内存泄露问题;异常处理机制可以简化出错处理和程序的恢复,这些机制都可以保证稳健性和安全性。

6. 平台独立与可移植性

这里的平台可以简单地理解为计算机的操作系统。其他编程语言遇到的最大问题是一旦计算机处理器升级、操作系统升级,以及核心系统资源变化,可能导致程序出现错误而无法运行。Java语言通过虚拟机(JVM)机制保证Java程序在不需要做任何修改的情况下,就可以在不同操作系统中正常运行,真正实现"一次编写,随处运行"的目标。

7. 多线程

Java程序可以很好地支持多线程机制。可以用多条线索的方式控制程序的运行,就好像我们在手机上可以同时听音乐和用微信聊天一样。多线程机制在后续课程中将会详细阐述。

课堂练习1

1. Java语言是(1)公司于(2)年推出的。
    (1) A. IBM   B. Microsoft   C. Sun   D. Oracle
    (2) A. 1994   B. 1995   C. 2000   D. 1990
2. ( )不属于Java语言的特点。
    A. 多线程   B. 面向对象   C. 平台无关   D. 编译执行
3. ( )是Java语言的标准运行平台。
    A. Java SE   B. Java ME   C. Java EE   D. JDK

1.3 Java开发环境的搭建

1.3.1 安装Java开发环境

安装Java
开发环境

JDK(Java Development Kit)是Java开发工具包,是必须安装的软件环境。它包含JRE(Java Runtime Environment)和开发Java程序所需的工具,如编译器、解释器和文档生成器等。

JRE是Java运行时环境,包含类库和JVM(Java虚拟机),是Java程序运行的必要环境。如果只运行 Java 程序，没有必要安装 JDK，只安装 JRE 就可以，但是如果要编写程序，则必须安装 JDK。

本书所有案例都在 Java SE 15 版本上调试、运行并通过。JDK 的下载地址如下：https://www.oracle.com/Java/technologies/Javase-downloads.html。

该地址提供了多种 JDK 版本的下载选项，这里选择 Java SE 15 中的 JDK Download 进入 JDK 的下载页面，如图 1-1 所示。

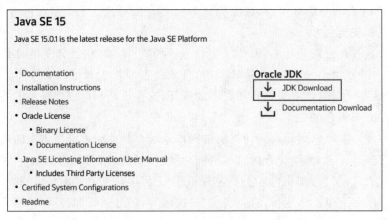

图 1-1　JDK 的下载页面

需要注意，Java 语言是跨平台开发语言，支持 Linux、Mac OS 及 Windows 等平台，需要根据自己的操作平台选择不同的 JDK；同时，JDK 又分为安装版（如 Windows x64 Installer）和压缩包版（如 Windows x64 Compressed Archive）两种，这里选择支持 64 位 Windows 平台的 JDK 安装版，名称为 jdk-15.0.1_windows-x64_bin.exe。不同平台版本下载页面如图 1-2 所示，因为 JDK 版本后期还会不断升级，所以只要选择适合的平台版本下载就可以。

Linux x64 RPM Package	162.02 MB	jdk-15.0.1_linux-x64_bin.rpm
Linux x64 Compressed Archive	179.33 MB	jdk-15.0.1_linux-x64_bin.tar.gz
macOS Installer	175.94 MB	jdk-15.0.1_osx-x64_bin.dmg
macOS Compressed Archive	176.53 MB	jdk-15.0.1_osx-x64_bin.tar.gz
Windows x64 Installer	159.69 MB	jdk-15.0.1_windows-x64_bin.exe
Windows x64 Compressed Archive	179.27 MB	jdk-15.0.1_windows-x64_bin.zip

图 1-2　不同平台版本下载页面

下载完毕后，双击该文件，按照安装向导安装该版本软件。JDK 默认安装路径如图 1-3 所示。

其中 bin 目录最重要，包含 Java 语言开发、运行、调试和文档生成等工具，这些工具都是以 exe 扩展名结尾的可执行文件。可执行文件在 Windows 平台下可以直接单击运行。

图 1-3　JDK 默认安装路径

Java 编程中经常使用的两个工具如下：

　　① javac.exe,称为 Java 编译器,对 Java 源文件进行编译,生成跨平台的字节码文件。

　　② java.exe,称为 Java 解释器,调用 JVM 解释、执行字节码文件,运行 Java 应用程序。

1.3.2　配置系统环境变量

配置系统
环境变量

　　初次开发 Java 程序,一般都是在命令行窗口中执行。为了方便编译和运行程序,需要配置系统环境变量。配置系统环境变量的目的是以默认的方式快速寻找编程中需要的各种工具,如 Java 编译器、Java 解释器等。

1. Windows 10 系统下 JDK 环境变量的配置

　　右击"此电脑",在弹出的快捷菜单中选择"属性"选项,弹出"高级系统设置"对话框,单击该对话框后,在弹出的对话框中选择"高级"选项,在弹出的对话框中单击"环境变量"按钮,在"系统变量"中选择 Path 选项,单击"编辑"按钮,然后单击"新建"按钮,编辑环境变量如图 1-4 所示,最后单击"确定"按钮。

图 1-4　编辑环境变量

2. 以命令行的方式验证环境变量的配置

　　首先,在 Windows 10 系统左下角单击"开始",使用键盘输入 cmd 命令,之后单击"命令提示符"按钮。在"命令提示符"窗体下输入命令 javac -version 和 java -version,分别验证 Java 编译器和 Java 解释器的版本,正确配置时界面如图 1-5 所示。

1.3.3　Eclipse 集成开发平台的使用

Eclipse 集成
开发平台的
使用

　　Eclipse 是软件行业中非常著名的集成开发平台(IDE),它最初的设计目标是成为可进行任何语言开发的 IDE 集成者,通过安装不同的插件,支持多种计算机语言开发,如 Java 语言、C++ 语言、Python 语言等。

　　Eclipse 是一个开放源代码项目,任何个人和公司都可以免费得到,并可以在此基础上开发各自的插件。许多软件开发商也以 Eclipse 为基础框架开发自己的 IDE 产品,其中包

```
命令提示符

Microsoft Windows [版本 10.0.18363.900]
(c) 2019 Microsoft Corporation。保留所有权利。

C:\Users\jy>javac -version
javac 15.0.1

C:\Users\jy>java -version
java version "15.0.1" 2020-10-20
Java(TM) SE Runtime Environment (build 15.0.1+9-18)
Java HotSpot(TM) 64-Bit Server VM (build 15.0.1+9-18, mixed mode, sharing)
```

图 1-5 在命令行提示符下验证 JDK 的安装

括 Oracle、IBM 等全球知名软件企业。

本书中使用 eclipse-inst-jre-win64 作为 Java 集成开发环境,该 IDE 可以从 Eclipse 官网地址下载最新版本。官网网址为 https://www.eclipse.org/downloads。如图 1-6 所示,单击 Download x86_64 按钮下载最新版本。

进入下载列表网页,为了保证下载可靠性和速度,可使用国内大学的镜像网站,这里单击 Select Another Mirror 超链接,选择其他镜像网站下载 Eclipse,如图 1-7 所示。

图 1-6 从官网地址下载 Eclipse

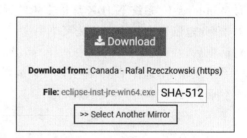

图 1-7 选择其他镜像网站下载 Eclipse

接着,单击 Show all 按钮,显示所有镜像网站,如图 1-8 所示。

最后,选择亚洲(Asia)下的中国科学技术大学(University of Science and Technology of China)作为镜像网站下载 Eclipse,如图 1-9 所示。

下载页面如图 1-10 所示。单击"保存到"后面的文件夹图标,选择保存路径后,单击"下载"按钮。

双击下载后的安装文件 eclipse-inst-jre-win64.exe,选择企业级 Eclipse IDE 进行安装,如图 1-11 所示。

接着,安装程序会自动识别已经安装过的 JDK 工具,如图 1-12 所示。如果没有自动识别,请单击后面的文件夹图标,自行浏览查找安装过的 JDK 路径。

这里采用默认安装路径即可,之后单击 INSTALL 按钮进行安装。

接着,选择同意 Eclipse 基础软件用户协议要求,单击 Accept Now 按钮开始安装,如图 1-13 所示。

图 1-8　显示所有镜像网站

图 1-9　选择中国科学技术大学作为镜像网站

图 1-10　选择 Eclipse 下载保存路径

在安装过程中会提示是否信任这些证书,请按图 1-14 所示选择信任这些证书后继续安装。

安装结束后,单击 LAUNCH 按钮启动 Eclipse,如图 1-15 所示。

图 1-11　安装企业级 Eclipse IDE

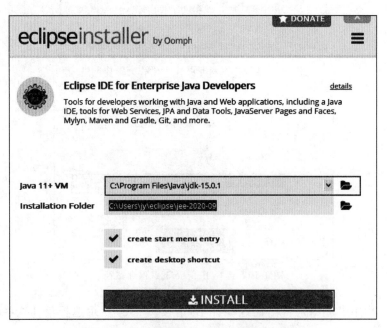

图 1-12　选择 JDK 及 Eclipse 的安装路径

图 1-13　Eclipse 基础软件用户协议

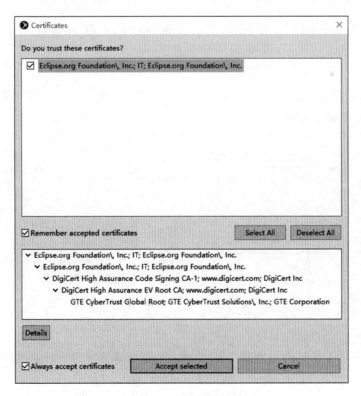

图 1-14　选择信任证书

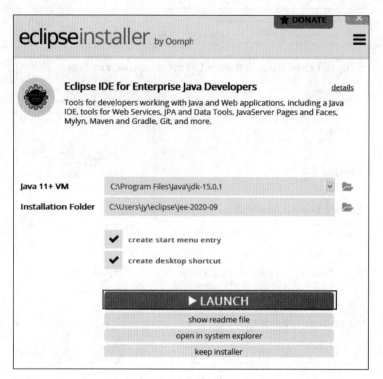

图 1-15 启动 Eclipse

　　第一次启动 Eclipse 时,会提示选择工作空间(workspace),这里指 Eclipse 编写代码的地方。可以选择自己的路径,按图 1-16 所示设置,以后默认使用本次设置的路径为工作空间。

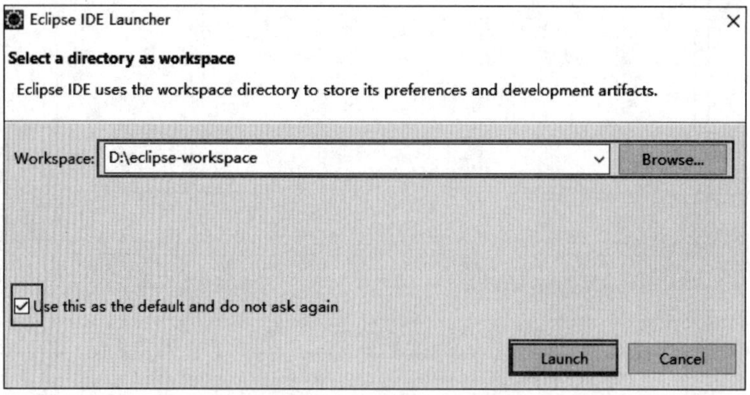

图 1-16 设置工作空间

　　进入 Eclipse 之后,先单击 Welcome 上的"×"图标,关闭欢迎页面,之后单击创建一个项目超链接"Create a project",如图 1-17 所示。也可以在菜单栏 File 中选择 New 选项,再选择 Project 选项的方式创建项目。

　　选择创建 Java 项目,如图 1-18 所示,选择 Java Project,单击 Next 按钮。

　　创建 Java Project,首先指定项目名称(名称中不要出现空格、中文等特殊符号);接着配

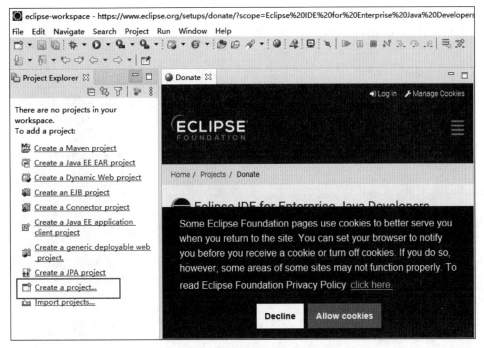

图 1-17　创建一个项目

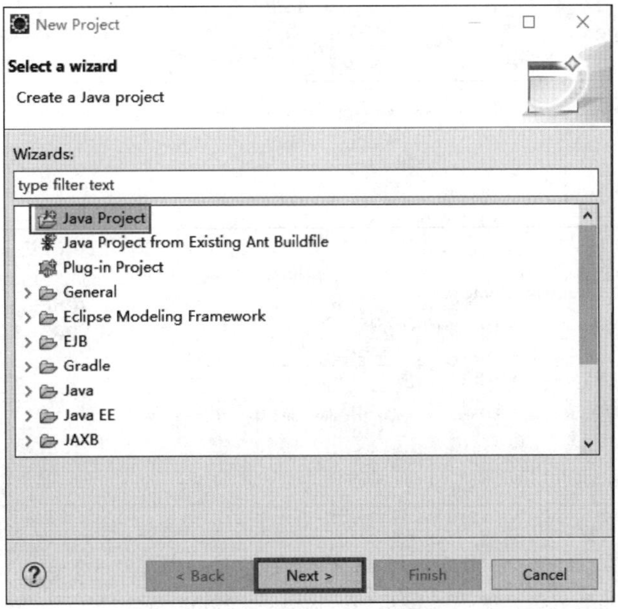

图 1-18　选择 Java Project

置 JRE 环境,选择已经安装好的 jdk-15.0.1,添加并指定 JDK 路径为 C:\Program Files\Java\jdk-15.0.1(也可以选择其他的 JDK 安装路径);最后单击 Finish 按钮,完成 Java Project 的创建。创建过程如图 1-19 所示。

接着,提示是否创建 module-info.java 文件,这里单击不创建按钮 Don't Create,如

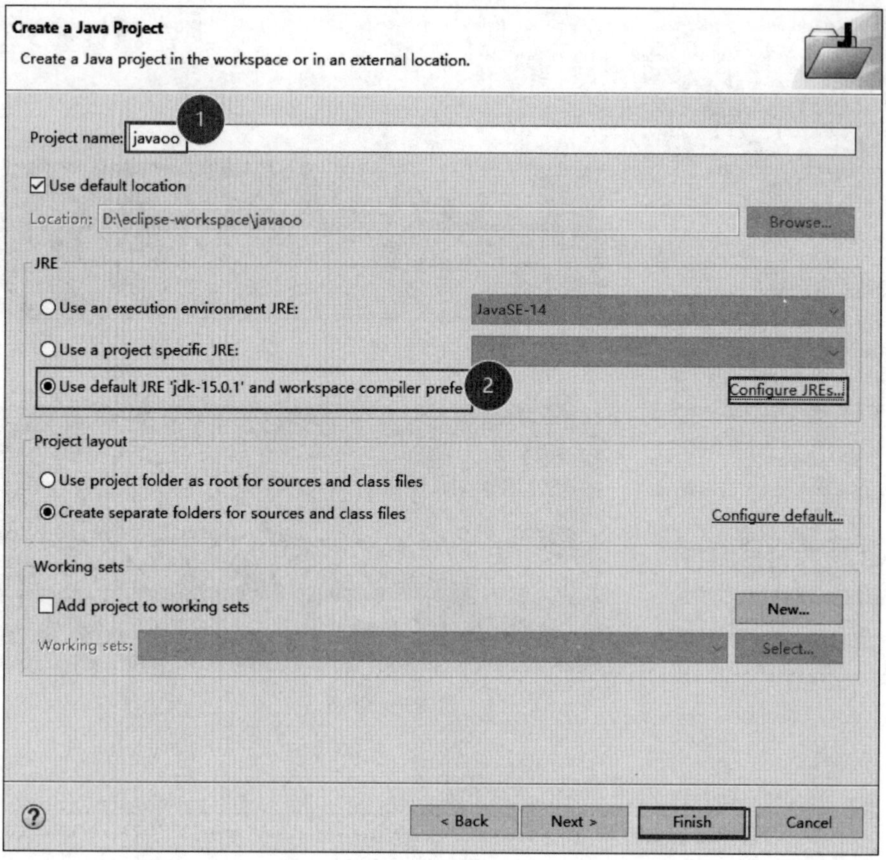

图 1-19　创建过程

图 1-20 所示。

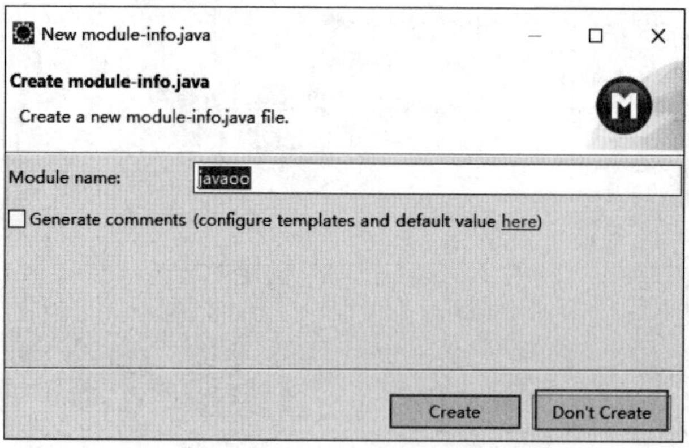

图 1-20　不创建 module-info.java 文件

最后，提示是否打开 Java 视图，单击 Open Perspective 按钮打开该视图，如图 1-21 所示。经过以上操作步骤，完成 Eclipse 的下载、安装及 Java 项目的创建。

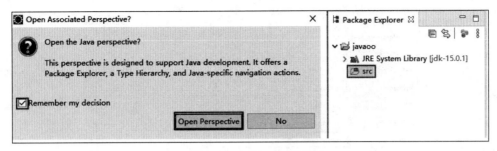

图 1-21　打开 Java 视图

课堂练习 2

1. 操作并安装 JDK 工具，以及设置环境变量。
2. 操作并安装 Eclipse 集成开发平台。
3. 关联 Eclipse 和 JDK 工具。

1.4　第 1 个 Java 程序

第 1 个 Java 程序 (QR code caption)

1.4.1　创建类

编写第 1 个 Java 程序"HelloWorld.java"。在图 1-21 中，src 文件夹是 Java 代码编写的目录，右击该目录，在弹出的快捷菜单中选择 New 选项，再选择 Class 选项，创建 Java 类（类是 Java 语言中编写程序的基本单位）。指定包 Package 名称为 javaoo（可以自行指定包名称），指定类名 Name 为 HelloWorld，勾选 public static void main（String[] args），单击 Finish 按钮完成类的创建。创建 Java 类如图 1-22 所示。

创建该类后，系统会自动打开如图 1-23 所示的页面，通过该图了解 Eclipse 开发平台的布局结构。

（1）菜单区域。包括 File 菜单，可以执行创建项目、导入或导出其他项目等操作；Source 菜单，可以执行自动生成一些常用方法等操作；Run 菜单，可以运行和调试程序；Window 菜单，可以设置 Eclipse 基本参数等。

（2）快捷指令图标区域。常用的命令图标放在该区域，方便使用。

（3）项目导航区域。根据视图设置，可以呈现不同的导航效果。

（4）代码编辑区域。编写 Java 代码，同时可以观测代码中的编译错误和警告信息等。

（5）结果显示区域。显示不同视图下程序的运行结果。

1.4.2　编写 Java 源文件

Java 源文件都是以".java"结尾的文件。例 1-1 中，源文件的主体内容由 Eclipse 按照创建类时的设置自动生成，第 4 行为实际操作过程编写的输出语句。

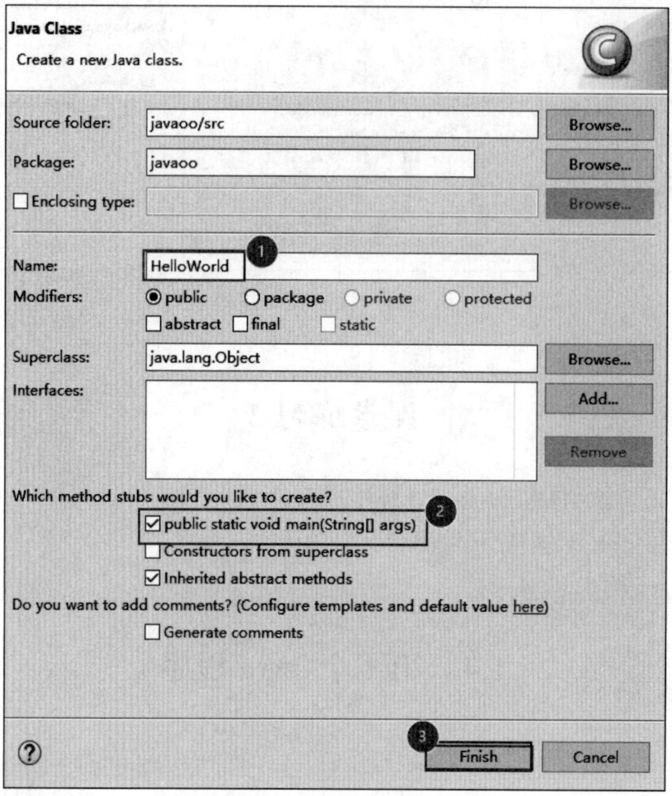

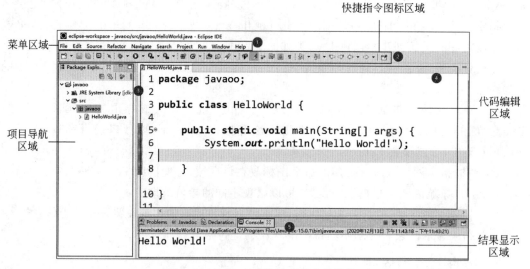

图 1-22　创建 Java 类

图 1-23　Eclipse 开发平台的布局结构

快捷指令图标区域

菜单区域

代码编辑区域

项目导航区域

结果显示区域

【例 1-1】　第 1 个 Java 程序。

```
1  package javaoo;
2  public class HelloWorld {
```

```
3        public static void main(String[] args) {
4            System.out.println("Hello World!");
5        }
6  }
```

注意：Java 语言区分大小写。在源文件中，语句涉及的标点符号及小括号都是在英文状态下输入的符号。

代码解释：

第 1 行，关键字 package 后的 javaoo 是包名。包是一种容器，用来管理 Java 代码中的类或其他成员，就像书包可以放置和管理书本。

第 2 行，关键字 class 用来声明类。class 后的 HelloWorld 是类名。public 是修饰符（modifier），修饰 HelloWorld 类。public 修饰的类称为公有类。公有类访问不受限制，通常类前都会有该修饰符。

第 3 行，public static void main(String[] args)是主方法。包含主方法的类称为主类。static 为静态修饰符，void 表示方法没有返回结果，String[] args 是 main()方法的参数。main()方法的参数必须是 String[]数组类型，否则就不是主方法。String 是字符串类型，用双引号表示。如第 4 行"Hello World!"就是一个字符串。

第 4 行，命令行输出语句，输出的内容放在 System.out.println()括号中，字符串会原样输出。同时要注意 System 的首字母为大写字母 S。

主方法是 Java 应用程序运行的起点，运行一个类时，总是先运行主方法。如果没有主方法，类将无法运行。

1.4.3 编译和运行 Java 程序

1. 在 Eclipse 平台下编译和运行 Java 程序

Eclipse 是即时编译平台。Java 源文件编写完成后，如果没有语法错误，Eclipse 会自动对源文件进行编译，即自动调用 JDK 安装路径下 bin 文件夹中的 javac.exe 编译器。Java 源文件编译后，会产生以".class"结尾的字节码文件。字节码文件所在路径位置通常是 Eclipse 工作空间\Java 项目\bin\包名\字节码文件。例 1-1 产生的字节码路径如图 1-24 所示。

图 1-24 例 1-1 产生的字节码路径

注意：字节码文件的名称和源文件的类名称一致，文件扩展名为".class"。

运行 Java 程序时，可以通过以下 3 种方式执行：

① 在 Run 菜单中选择 Run As 选项，接着选择 Java Application 选项执行。

② 在快捷指令图标区域选择"绿色向右"按钮旁边的"↓"图标，选择 Run As 以及 Java Application 选项并执行。

③ 在导航区域选择 HelloWorld.java,右击,在弹出的快捷菜单中选择 Run As 及 Java Application 选项并执行。

运行 Java 程序时,Eclipse 会自动调用 java.exe 解释器对字节码文件解释执行。程序执行结果会在结果显示区域中呈现。由于 System.out.println()表示控制台输出,所以本例执行结果在 Console 中呈现。

2. 在命令提示符下编译和运行 Java 程序

首先,在 Windows 10 系统左下角单击"开始",使用键盘输入 cmd 命令,单击"命令提示符"应用,在"命令提示符"窗体下切换到源文件所在路径。例 1-1 中,假设 HelloWorld.java 文件在 D 盘 javaoo 文件夹下。使用如下命令:

```
C:\Users\zhuyi>D:
```

按 Enter 键,路径会切换到 D 盘根目录。"C:\Users\zhuyi"是作者计算机中命令提示符下的默认路径。输入以下命令:

```
D:\>cd javaoo
```

按 Enter 键,路径会切换到 D 盘 javaoo 文件夹。输入以下命令:

```
D:\javaoo>javac HelloWorld.java
```

按 Enter 键,系统会调用 javac.exe 编译器对 Java 源文件进行编译,产生字节码文件 HelloWorld.class。编译时必须有源文件扩展名".java"。输入以下命令:

```
D:\javaoo>java HelloWorld
```

按 Enter 键,系统会调用 java.exe 解释器对字节码文件解释运行。解释运行时不需要有字节码文件扩展名".class"。

1.4.4 Java 程序的执行过程

Java 程序的执行过程可以分为 3 步,分别如下所述。

1. 编写源文件

使用 Eclipse 或者其他文本编辑器编写 Java 源文件。将编写好的源文件保存,源文件的扩展名必须是".java"。

2. 编译源文件

使用 Java 编译器编译源文件,得到中间字节码文件。字节码文件的扩展名是".class"。

3. 解释运行 Java 程序

Java 程序分为两类:Java Application(Java 应用程序)和 Java Applet(Java 小应用程序)。Java Application 必须通过 JVM 中的 Java 解释器解释执行字节码文件;Java Applet 通过支持 Java 标准的浏览器解释执行字节码文件。由于 Java Applet 已经很少使用,所以本书中的案例主要针对 Java Application 编写。

总结 Java 程序的执行过程如下:Java 源文件经编译器编译,生成与平台无关的二进制字节码文件;字节码文件首先由解释器解释成本地机器码,然后以"解释一句,执行一句"方法运行。

Java 程序的执行过程如图 1-25 所示。

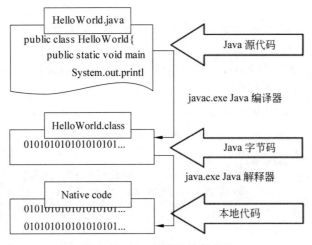

图 1-25　Java 程序的执行过程

1.4.5　特殊细节

1. 源文件命名规则

源文件中最多只能有一个 public 修饰的类,并且源文件的名字必须与 public 类名完全一致。如果该条件不满足,则出现编译错误,在 Eclipse 平台中,表现形式为"红色"错误标记。源文件中有多个 public 类,如图 1-26 所示。

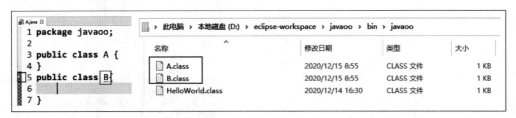

图 1-26　源文件中有多个 public 类

如果源文件中没有 public 类,则源文件的名字只要符合文件名的命名规则即可,不会出现编译错误。源文件中没有 public 类,如图 1-27 所示。

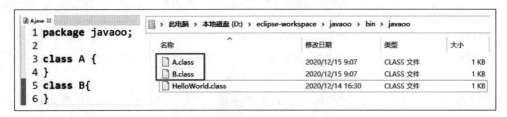

图 1-27　源文件中没有 public 类

2. 字节码文件个数

编译后生成的字节码文件个数和源文件中 class 的个数一致。例如,1 个源文件有 3 个

class，Eclipse平台就会自动编译出 3 个与类对应的".class"字节码文件。

3. 运行 Java 程序

Java 程序运行，本质上是指字节码文件是否可以解释执行，而字节码文件是否可以执行取决于源文件中是否有主方法。

如图 1-28 所示，源文件 A.java 中有两个类 class A 和 class B，同时两个类都有主方法。在编译阶段，会产生两个字节码文件，分别是 A.class 和 B.class，在运行时，需要选择执行字节码文件的名称，本例中选择 A.class 执行，控制台输出结果为"from A"。

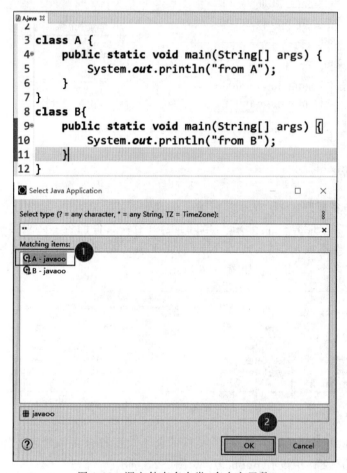

图 1-28　源文件有多个类、多个主函数

4. 跨平台特性

平台是指一套特定的硬件再加上运行在其上的操作系统，即硬件＋软件。常见的平台有 Windows 平台、Linux 平台和以 Solaris 为代表的 UNIX 平台等。

字节码文件具有跨平台特性，即字节码文件不需要做任何修改，就可以在不同系统平台下运行，而源文件和 JVM 都与系统平台相关，如图 1-29 所示。

Java 语言跨平台特性给程序的部署带来了很大的灵活性，节约了软件开发和升级的成本。假设某公司的管理系统部署在 Windows 平台，随着公司规模的扩大、业务的丰富，现有平台难以满足业务要求；同时，想使用 UNIX 平台取代 Windows 平台，在该场景下必须考虑

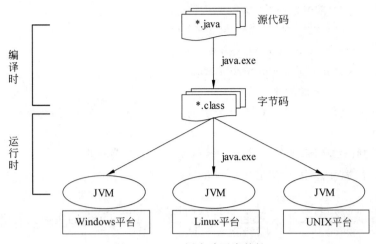

图 1-29　Java 语言跨平台特性

现有系统移植的可行性。如果该系统使用 Java 语言开发,升级和转换过程就变得较为简单。只搭建 UNIX 平台,安装该平台下对应的 JDK 版本,直接部署就可以运行原有系统。

5. 字节码文件执行过程

　　Java 程序在运行时,JVM 先通过类加载器载入字节码,然后校验字节码。校验无误后,逐条指令解释执行。字节码文件执行过程如图 1-30 所示。

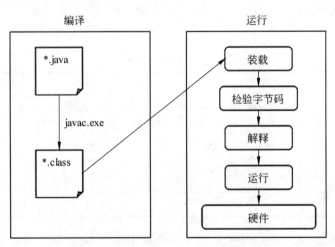

图 1-30　字节码文件执行过程

课堂练习 3

1. javac.exe 是(　　　)。
   A. Java 文档生成器　　　　　　　　　B. Java 解释器
   C. Java 编译器　　　　　　　　　　　D. Java 类分解器
2. (　　　)是 Java 应用程序的 main()方法。

A. public static int main(char args[])

B. public static void main(String args[])

C. public static void MAIN(String args[])

D. public static void main(String args)

3. 下列选项中,不正确的是( )。

    A. Java 源文件".java"经编译后产生的".class"字节码与机器硬件和操作系统平台无关

    B. 1 个 Java 应用程序的文件中最多只能包含 1 个公有类

    C. Java 的源文件中定义几个类,编译结果就生成几个以 class 为扩展名的字节码文件

    D. Java 源文件的文件名(不包括扩展名)必须与其内包含的主类类名相同

1.5 Java 程序编程规范

编写 Java 程序时,良好的编程习惯可以使程序美观大方、可读性强、易维护。

常见的 Java 程序编程规范有以下几点。

(1) 源文件中,一行只写一条语句,每句话必须以";"结尾(方法和代码块除外)。

(2) 类名、变量名、方法名命名满足表 1-1 所示的 Java 编程规范。类名首字母大写;变量名和方法名首字母小写,出现新单词时,单词首字母大写;包名全部小写;常量名全部大写。

表 1-1 Java 编程规范

元　　素	规　　范	示　　例
类名	Pascal 规则	Person,Student
变量名	Camel 规则	age,height
方法名	Camel 规则	getAge(),setUserName()
包名	全部小写	edu.cn
常量名	全部大写	MAX_VALUE

(3) 类中的方法,或者方法中的代码要合理使用缩进,使程序层次分明、错落有致。在 Eclipse 平台,使用 source 菜单下的 format 指令项进行代码格式化。

(4) 运用注释。对类、方法、代码块、变量等进行标注,以提高程序的可读性。

1.6 注　　释

在 Java 源文件中,添加注释可以增加程序的可读性,有利于程序的维护和移交。注释内容不会被执行。Java 语言支持 3 种形式的注释,分别如下。

1. 单行注释

以"//"开始,到行末尾,只能注释一行。

2. 多行注释

以"/＊"开始,并以"＊/"结束,它们之间的所有内容均为注释内容。可以注释多行,但不能嵌套使用。

3. 文档注释

以"/＊＊"开始,以"＊/"结束,它们之间的所有内容均为注释内容,并且注释的每行开始都有1个"＊"。可以注释多行,但不能嵌套使用。

本 章 小 结

本章主要讲述Java语言的发展历程,以及Java语言的简单性、面向对象、分布式、健壮和安全性、平台独立与可移植性、多线程等特点;详细讲解Java开发工具集JDK、集成开发平台Eclipse的安装和使用;学习Java程序执行的全过程、编程规范及注释等内容。

习 题 1

一、单选题

1. 下列说法正确的是( )。

   A. 用javac.exe对Java源文件进行编译时,必须写出该源文件的完整文件名,包括扩展名.java

   B. 用javac.exe对Java源文件进行编译时,不必写出该源文件的扩展名.java

   C. 用java.exe解析运行class文件时,必须写出该class文件的扩展名.class

   D. 运行javac.exe或java.exe,都必须给出文件扩展名

2. 若在Person.java中定义公有类Person,则编译该源文件的命令是( )。

   A. javac Person.java   B. javac Person

   C. javac Person.class   D. javac person.java

3. Java源文件和编译后的文件扩展名分别是( )。

   A. .class 和.java   B. .java 和.class

   C. .class 和.class   D. .java 和.javaw

4. 编译源文件B.java,下列关于产生字节码文件数量的选项中,正确的是( )。

   B. java 源文件

```
class A1 {}
class A2 {}
public class B {
    public static void main(String args[]) {
    }
}
```

   A. 只有 B.class

   B. 只有 A1.class 和 A2.class 文件

   C. 有 A1.class、A2.class 和 B.class 文件

D. 编译不成功

二、简答题

1. 简述 Java 语言的特点。

2. 简述 Java 程序的运行机制。

3. 简述 Java 程序源文件命名的规则。主类是否必须是 public 类？

4. Java 程序中是否必须有 public 类？一个程序中可以有几个 public 类？

5. 假设类中有如下方法：

```
public static void main(int args[]){
}
```

那么这个 main()方法是否为主方法？

三、编程题

编写 Java 应用程序，创建 Sentence 类，在主方法中实现在控制台分行输出张载（北宋思想家、教育家、理学创始人之一）的名言——"为天地立心，为生民立命，为往圣继绝学，为万世开太平"。

第2章 Java 语言编程基础

知识要点：

1. 关键字和标识符
2. 变量与常量
3. 数据类型
4. 运算符与表达式
5. 程序控制结构

学习目标：

通过本章的学习，读者可以掌握关键字和标识符的概念；变量和常量的定义及使用；数据类型的分类及类型转换方式；运算符和表达式的概念与应用；程序控制结构及应用。

2.1 关键字和标识符

2.1.1 关键字

在 Java 语言中有 50 多个单词具有特殊的含义，这些单词称为关键字，也称为保留字。如例 1-1 中的 package、class、void、public、static 等都是关键词。

关键字不能用作标识符，即标识符（变量名、类名、方法名等）不能与关键字同名，否则会出现编译错误。

Java 语言的常用关键字见表 2-1。

表 2-1 Java 语言的常用关键字

abstract	continue	for	new	switch
assert	default	goto	package	synchronized
boolean	do	if	private	this
break	double	implements	protected	throw
byte	else	import	public	throws
case	enum	instanceof	return	transient
catch	extends	int	short	try
char	final	interface	static	void
class	finally	long	strictfp	volatile
const	float	native	super	while

2.1.2 标识符

标识符是标识不同 Java 程序元素的符号。Java 程序元素包括变量（variable）、类（class）、接口（interface）、方法（function）、包（package）等。

1. 标识符的规则

（1）首字符为下画线（_）、美元符号（$）、英文大小写字母或者其他语言字符（如中文，不推荐使用）。

（2）后续字符，包括（1）的内容及数字符号 0～9。

（3）不可以是关键字。

（4）长度没有任何限制，但是不宜过长或过短。

2. 标识符举例

（1）合法的标识符，如_name、$zy、Test、user_id、admin123、MAX_SALARY 等。

（2）非法的标识符，如 123admin、♯abc 等。

（3）合法但不推荐使用的标识符，如三角形类、用户 id 等。

注意：标识符要做到"望名知意"，常用英文单词或者汉语拼音首字母。标识符不宜过短，过短的标识符会导致程序的可读性变差；也不宜过长，过长的标识符会增加录入工作量及出错的可能性。

课堂练习1

1. 下列标识符中，合法的是（　　）。
    A. 1122　　　　　B. for　　　　　C. *user　　　　　D. $200
2. 下列选项中，不是 Java 关键词的是（　　）。
    A. case　　　　　B. default　　　　　C. main　　　　　D. while

2.2 变量与常量

变量与常量

2.2.1 变量概述

变量是一个合法标识符，代表某个值（类似数学中的未知数）。该标识符代表的值可以在程序运行的过程中改变。变量和变量所代表的值（简称变量的值）是两个不同的概念。

从程序底层原理上讲，当定义变量时，系统会在内存中为该变量开辟一定大小的空间，以保存变量的值。当不再使用该变量时，它所对应的内存空间被系统回收。Java 语言中的变量都必须有数据类型（简称类型），数据类型决定系统为该变量开辟的内存空间大小。例如，int 类型变量，占 4 字节大小的内存空间。

2.2.2 变量的定义和使用

使用变量前，必须先定义变量的数据类型，然后指定变量名，最后初始化变量的值。定义变量的一般形式为：

变量类型　变量名；

变量名=初始值；

或者定义变量的同时进行初始化，一般形式为：

变量类型　变量名=初始值；

变量类型可以是整数类型、浮点类型等基本数据类型，以及数组、对象等引用类型。（数据类型在后面章节会详细讲解）

【例 2-1】 变量的使用。

```
1   package javaoo;
2   public class Demo2_1 {
3       public static void main(String[] args) {
4           int x;
5           x=5;
6           System.out.println("变量 x 的值"+x);
7       }
8   }
```

代码解释：

第 4 行在 main()方法中定义整型变量 x。

第 5 行初始化该变量，让 x 代表整数 5。

第 6 行输出变量的值。"＋"为字符串连接运算符，即字符串"变量 x 的值"和变量 x 的值连接后合并并输出。

注意，本例中的几种重要概念表述如下。

（1）变量名：x。

（2）变量类型：int。

（3）变量的值：5。

思考：

（1）如果删除第 5 行代码，程序是否会出错？

（2）如果同时删除第 5 行和第 6 行代码，程序是否会出错？

解析：（1）出现编译错误（代码下会出现红色波浪线），提示变量没有初始化操作，即没有给变量赋初值。因为方法中定义的变量为局部变量，所以局部变量在使用前必须初始化。

（2）不会出现编译错误。因为局部变量没有使用，可以不初始化，但是会提示警告信息（代码下会出现黄色波浪线）。变量的使用如图 2-1 所示。

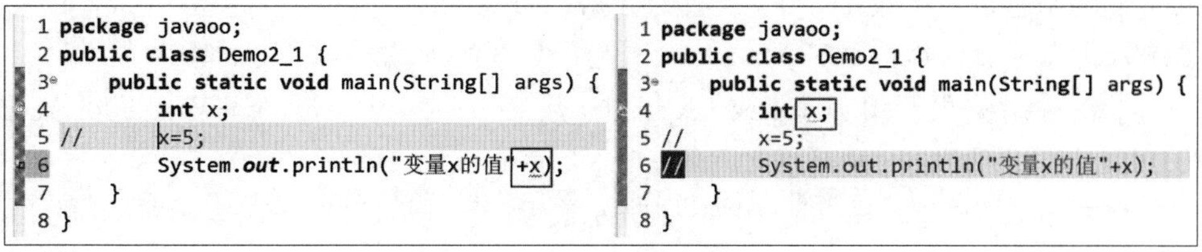

图 2-1　变量的使用

2.2.3　常量的定义和使用

常量是指程序在运行中不能被修改的、固定不变的值。常量分类如下：

（1）字面常量，是最常见的一种常量，如 123（整型字面常量）、"123"（字符串字面常量）、3.14（浮点型字面常量）等。

（2）当作常量使用的变量，即变量前用 final 关键字修饰，也可以称之为常量。例如，final int A＝5（A 即常量，并且 A 的值在赋值后不允许修改）。

常量名通常用大写字母表示。

2.3　数　据　类　型

Java 语言中的数据类型可以分为两大类：基本数据类型和引用类型。其中，基本数据类型有 8 种，基本数据类型以外的类型都为引用类型。

8 种基本数据类型包括：整型(4 种)、浮点型(2 种)、字符型、布尔型。

引用类型包括：类、接口、数组等。

本章只讲述基本数据类型，引用类型会在后面的章节中说明。

数据类型分类如图 2-2 所示。

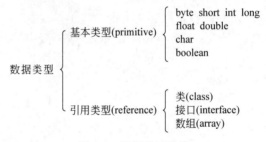

图 2-2　数据类型分类

2.3.1　整数类型

整数是指不带小数的数值型数据，可以用来表示正负数。整数类型（简称整型）有 4 种表现形式：二进制整数、十进制整数、八进制整数、十六进制整数。

（1）二进制整数。由数字 0 或 1 组成的数据，计算机底层只识别二进制数据，如 0100、1001 等。

（2）十进制整数。由数字 0～9 组成的数据，如—13、56 等。

（3）八进制整数。由以 0 开头，数字 0～7 组成的数据，如 023、0321 等。

（4）十六进制整数。由以 0x 或 0X 开头，数字 0～9 及字母 A～F 组成的数据，如 0X5af、0x5a 等。

"进制"的含义为"逢几进 1"。例如，二进制表示"逢 2 进 1"，八进制表示"逢 8 进 1"。在现实世界中，如手表的分针和秒针为六十进制（"逢 60 进 1"），时针为十二进制（"逢 12 进 1"）等。

二进制从最右侧(低位)开始,每位依次代表 1、2、4、8,即 2^0、2^1、2^2、2^3,以此类推。因为是二进制,所以以 2 为底数。如果是八进制,就以 8 为底数。十进制和十六进制也是按此规律计算。

如上所述,二进制数 1001 转换为十进制数,为 1 个 2^3 加上 1 个 2^0,结果为 9。八进制数 27 转换为十进制数,为 2 个 8^1 加上 7 个 8^0,结果为 23。

也可以通过"短除法"进行不同进制数的转换,读者可以查阅网络资料自行学习。

整型变量类型有 byte、short、int、long 4 种,它们都是有符号整型。

1. byte 类型

该类型变量在内存分配时占 1 字节的空间(1 字节占 8 位,即用 8 个 0 或 1 的方式表示数值),其中最高位是符号位,0 代表正数,1 代表负数,其余 7 位代表数值本身,所以 byte 类型可以表示的数值范围为 $-2^7 \sim$ 2^7-1。例如十进制数 9 用二进制数表示为 00001001,十进制数 41 用二进制数表示为 00101001,如图 2-3 所示。

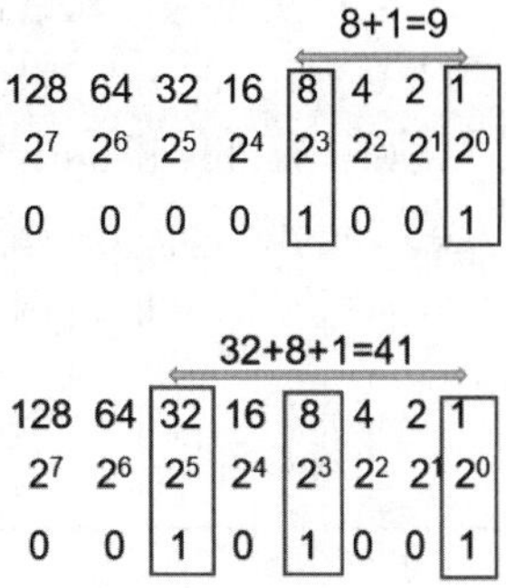

2. short 类型

short 类型为短整型。short 类型的变量占 2 字节(16 位)的空间,表示的数值范围为 $-2^{15} \sim 2^{15}-1$。

3. int 类型

int 类型是默认的整数类型。int 类型的变量占 4 字节(32 位)的空间,表示的数值范围为 $-2^{31} \sim 2^{31}-1$。

图 2-3 二进制数的表示

4. long 类型

long 类型为长整型。long 类型的变量占 8 字节(64 位)的空间,表示的数值范围为 $-2^{63} \sim 2^{63}-1$。用 long 类型表示数值时需要在数值的最后加小写"l"或者大写"L",如 10l、10L。因为小写 L 特别像数字 1,所以很少使用。

整数类型的取值范围见表 2-2。

表 2-2 整数类型的取值范围

类 型	内存大小	备 注
byte	8 位	$-2^7 \sim 2^7-1$
short	16 位	$-2^{15} \sim 2^{15}-1$
int	32 位	$-2^{31} \sim 2^{31}-1$
long	64 位	$-2^{63} \sim 2^{63}-1$

2.3.2 浮点类型

浮点数是带有小数的十进制数,可以用普通表示法或科学记数法表示。

1. 普通表示法

十进制整数+小数点+十进制小数。例如,3.1415926、-10.3 等。

2. 科学记数法

十进制整数+小数点+十进制小数+E(或 e)+正负号+指数。例如,1.234e5、

4.90867e−2。

浮点类型变量也称为实数变量,用来表示浮点数值。根据精度的不同,浮点类型可分为单精度浮点类型(float)和双精度浮点类型(double)两种。所谓精度,不能错误理解为小数点后面的位数,而应该是有效数字。

(1) float 类型。

float 类型变量在内存分配时,占 4 字节的空间,即 32 位。它的特点是运行速度快,占用空间少。为了表示单精度浮点数,需要在浮点数的末尾加小写"f"或者大写"F"。例如:float height=1.78f 或 float height=1.78F。

(2) double 类型。

double 类型为默认的浮点数类型,该类型变量在内存分配时占 8 字节的空间,即 64 位。double 类型比 float 类型具有更高的精度和更大的表示范围。

例如: double height=1.78(推荐使用)

或 double height=1.78d 或者 double height=1.78D,其中 d 或 D 可以省略。

浮点类型的取值范围变化较大,单精度浮点类型和双精度浮点类型的差异如表 2-3 所示。

表 2-3　浮点类型的取值范围

类　　型	位　　长	取　值　范　围
F/f	32	1.4E−45～3.4028235E38
D/d	64	4.9E−324～1.7976931348623157E308

【例 2-2】　输出整型和浮点型数据范围。

```
1   package javaoo;
2
3   public class Demo2_2 {
4       public static void main(String[] args) {
5           byte maxbyte =Byte.MAX_VALUE;
6           byte minbyte =Byte.MIN_VALUE;
7           short maxshort =Short.MAX_VALUE;
8           short minshort =Short.MIN_VALUE;
9           long maxlong =Long.MAX_VALUE;
10          long minlong =Long.MIN_VALUE;
11          int maxint =Integer.MAX_VALUE;
12          int minint =Integer.MIN_VALUE;
13          float maxfloat =Float.MAX_VALUE;
14          float minfloat =Float.MIN_VALUE;
15          double maxdouble =Double.MAX_VALUE;
16          double mindouble =Double.MIN_VALUE;
17
18          System.out.println("byte 类型范围" +minbyte +"," +maxbyte);
19          System.out.println("short 类型范围" +minshort +"," +maxshort);
20          System.out.println("int 类型范围" +minint +"," +maxint);
```

```
21          System.out.println("long 类型范围" +minlong +"," +maxlong);
22          System.out.println("float 单精度浮点类型范围" +minfloat +"," +maxfloat);
23          System.out.println("double 双精度浮点类型范围" +mindouble +"," +maxdouble);
24      }
25  }
```

运行结果：

```
byte 类型范围-128,127
short 类型范围-32768,32767
int 类型范围-2147483648,2147483647
long 类型范围-9223372036854775808,9223372036854775807
float 单精度浮点类型范围 1.4E-45,3.4028235E38
double 双精度浮点类型范围 4.9E-324,1.7976931348623157E308
```

代码解释：Byte、Short、Integer 和 Long 分别是基本数据类型 byte、short、int 和 long 对应的包装类类型。包装类类型是对基本数据类型的封装,使基本数据类型具有类和对象的特征,可以通过"类型名.属性"的方式调用。

2.3.3　字符类型

字符型数据是由单引号括起来的单个字符。

例如：'a','A','z','$','? '等。

注意：'a'和'A'是两个不同的字符型数据,"a"和"A"由双引号括起来的为字符串,是引用数据类型。

除了以上形式的字符外,还有一种以"\"开头的特殊形式的字符型数据,称为转义字符。转义字符表示一些有特殊意义的字符数据。常见的转义字符如表 2-4 所示。

表 2-4　常见的转义字符表

功　　能	字　符　形　式	功　　能	字　符　形　式
回车	\r	单引号	\'
换行	\n	双引号	\"
水平制表	\t	八进制模式	\ddd
退格	\b	十六进制模式	\Udddd
换页	\f	反斜线	\\

字符型变量 char 在内存分配时,占 2 字节空间,即 16 位。其表示的范围是 0~65535,可以把整型数据赋值给字符变量。

例如：char c＝65 相当于 char c＝'A'。

字符型变量只能存放单个字符,不能存放多个字符。例如：char a='am',这样定义赋值是错误的,多个字符组成的集合被称为字符串。例如：String a＝"am"。

【例 2-3】 字符类型的使用。

```
1  package javaoo;
```

```
2   public class Demo2_3 {
3       public static void main(String[] args) {
4           System.out.println("I\tlove\r\nJava!");
5           System.out.println("\"I'm so happy!\"");
6           System.out.println("d:\\javaoo\\a.Java");
7           char m=65;
8           char n=97;
9           System.out.println("m:"+m+" n:"+n);
10      }
11  }
```

运行结果：

```
I   love
Java!
"I'm so happy!"
d:\javaoo\a.java
m:A n:a
```

代码解释：

第4行'\t'为转义字符，表示1个Tab键，通常占两个字符的位置，'\r\n'为回车换行。

第5行双引号为字符串的识别符号，有特殊用途，为了能在控制台输出双引号，需要用转义字符'\"'。

第6行'\\'是常见文件路径的表示方式。

第7～9行表示数值型数据可以和字符型数据相互转换。

2.3.4　布尔类型

布尔类型数据只包含两个值：true和false（全小写，并且不带单引号或者双引号），表示逻辑的"真"和"假"。

Java语言中，布尔类型是独立的数据类型，不支持用非0或0表示的"真"或"假"两种状态。

布尔类型变量boolean在内存分配时占1字节空间，用来表示逻辑值。通常在流程控制语句if、while、do-while语句中做判断条件使用。

例如：boolean b＝false;

基本数据
类型转换

2.3.5　基本数据类型转换

在8种基本数据类型中，除了布尔类型不能与其他类型相互转换之外，其余7种数据类型都可以相互转换。

转换时根据转换方向的不同，分为自动类型转换和强制类型转换。

1. 自动类型转换

整数类型、浮点类型、字符型数据可以进行混合运算。运算中，不同类型的数据先转换为同一种数据类型后（通常为运算中表示范围最大的数据类型），然后进行运算。

各种数据类型的表示范围由小到大的顺序为：byte→short→char→int→long→float→

double。

说明：表示范围大小由占用内存的字节数决定，同时也要考虑是否有符号位等情况。

自动类型转换规则是：表示范围小的数据类型可以自动转换为表示范围大的数据类型。类似1个水桶可以盛下1个杯子里的水，因为水桶的容量比杯子的容量大。表达式的运算结果向表示范围最大的数据类型看齐。

例如：

（1）（byte 或 short）和 int→ int。

（2）（byte 或 short 或 int）和 long→ long。

（3）（byte 或 short 或 int 或 long）和 float→ float。

（4）（byte 或 short 或 int 或 long 或 float）和 double→ double。

（5）char 和 int→ int。

说明：箭头左边表示参与运算的数据类型，操作可以是加、减、乘、除等运算，右边表示转换后进行运算的数据类型。

注意：当把其他类型转换成浮点类型时，会自动在数值后增加".0"。

如：

```
double a=10;
System.out.println(a);
```

结果为：

```
10.0
```

2. 强制类型转换

强制类型转换规则是：表示范围大的数据类型要转换成表示范围小的数据类型。该转换可能导致数据信息丢失。例如：double 类型的数据（在内存中占 8 字节）转换为 int 类型的数据（在内存中占 4 字节），小数的部分会丢失。类似地，把一桶水倒入 1 个水杯中，多余的水会溢出，最后只留下一杯水的容量。

强制类型转换的格式为：

```
(强转类型) 变量名;
```

【例 2-4】 数据类型转换的例子。

```
1   package javaoo;
2   public class Demo2_4 {
3       public static void main(String args[]){
4           byte b =5;
5           int i =b+3;
6           double d =i+3.5 ;
7           int t=(int)d;
8           System.out.print("byte b:"+b);
9           System.out.print("int i:"+i);
10          System.out.print("double d:"+d);
11          System.out.println("int t:"+t);
```

```
12      }
13   }
```

运行结果：

```
byte b:5
int i:8
double d:11.5
int t:11
```

代码解释：

第 5 行 byte 类型变量 b 和 3（默认 int 类型）进行加运算，byte 类型自动转换为 int 类型。

第 6 行 int 类型变量 i 和 3.5（默认 double 类型）进行加运算，int 类型自动转换为 double 类型。

第 7 行因为 double 类型变量 d 比 int 类型变量 t 表示范围大，所以需要强制类型转换。第 11 行的输出结果只保留整数部分，小数部分会丢失。

3. 特殊细节

（1）byte 或 short 数据类型在参与表达式运算前，会自动转换为 int 类型。

（2）数值表示范围，具有首尾相接特性。

【例 2-5】 数据类型转换的特例。

```
1   package javaoo;
2   public class Demo2_5 {
3       public static void main(String[] args) {
4           byte a=3;
5           byte b=2;
6   //      byte c=a+b;
7   //      byte c=(byte)a+b;
8           byte c=(byte)(a+b);
9           System.out.println("c:"+c);
10          byte d=(byte)128;
11          byte e=(byte)129;
12          byte f=(byte)-129;
13          byte g=(byte)-130;
14          System.out.println("d:"+d+" e:"+e);
15          System.out.println("f:"+f+" g:"+g);
16      }
17   }
```

运行结果：

```
c:5
d:-128 e:-127
f:127 g:126
```

代码解释:

第 6 行编译错误。因为 byte 类型变量 a 和 byte 类型变量 b 做加法运算时,byte 类型自动转型为 int 类型,整个表达式 a＋b 的结果为 int 类型,比 byte 类型变量 c 表示的范围大,所以不可以用 byte 类型的变量接收这个表达式计算的结果。

第 7 行编译错误。因为强制类型转换,按照转换的"就近原则"只是强制转换变量 a 的数据类型为 byte 类型,而整个表达式的运算结果依然是 int 类型,所以编译错误。

第 8 行因为小括号的优先级比强制转换操作的级别高,先执行 a＋b 运算,其运算结果已经自动转换成 int 类型,强制转换把 int 类型转换为 byte 类型,所以可以把结果赋值给 byte 类型的变量。

第 10～13 行 byte 类型变量在内存分配时占 1 字节的空间,能够表示的数值范围是 −128～127。数值 128,129,−129,−130 因为超过 byte 变量的表示范围,所以无法直接保存在 byte 类型的变量中。Java 语言为了保证程序的稳健性,超范围的数值可以通过强制类型转换的方式进行存储,数值表示的范围采用首尾相接的方式处理,byte 类型数值存储的方式如图 2-4 所示,其他类型数值的存储也是同样原理。

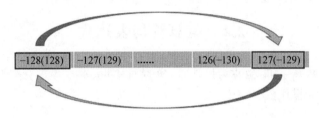

图 2-4   byte 类型数值存储的方式

课堂练习 2

1. 下列变量定义错误的是(   )。

    A. char c ＝ 5;   B. char c ＝ 'n';

    C. char c ＝ "a";   D. char c ＝(char)97;

2. 下列选项中不是整数类型的是(   )。

    A. byte   B. short   C. long   D. boolean

3. 下列变量定义错误的是(   )。

    A. float f ＝ 3.2;   B. float f ＝ 2;

    C. float f ＝ 3.2f;   D. float f ＝ 3F;

4. 下列程序的运行结果是(   )

```
public class Test {
    public static void main(String args[]){
        int i=3;
        double y=5;
        i=y;
        System.out.println(i);
```

```
        }
    }
```
A. 3   B. 5   C. 5.0   D. 编译出错

5. 下列不属于基本数据类型的是(　　)。

A. boolean   B. byte

C. Double   D. long

6. 下列程序的运行结果是(　　)

```
public class Test {
    public static void main(String args[]){
        double i=3;
        System.out.println(i);
    }
}
```
A. 3   B. 3.0   C. 运行时异常   D. 编译出错

2.4　运算符与表达式

运算符与
表达式

运算符是一种特殊字符,也称为操作符,负责对变量、常量等进行混合运算。参与运算的变量或者常量称为操作数。

例如：x＋y

运算符是"＋",操作数有两个,分别是变量 x 和变量 y。

例如：x＋＋

运算符是"＋＋",操作数只有 1 个,即变量 x。

例如：a? x:y

运算符是"?"和":",操作数有 3 个,分别是变量 a、变量 x 和变量 y。

综上所述,根据操作数的数量不同,可以把运算符分为三种。

(1) 一元运算符(或一元操作符,单目运算符),即只有 1 个操作数。

(2) 二元运算符,有 2 个操作数。

(3) 三元运算符,有 3 个操作数。

按照参与运算的种类不同,运算符可以分为以下 6 种。

(1) 算术运算符。

(2) 连接运算符。

(3) 赋值运算符。

(4) 关系运算符(比较运算符)。

(5) 逻辑运算符(布尔运算符)。

(6) 位运算符。

表达式由运算符和操作数组成。根据参与运算的不同,表达式分为以下 6 种。

(1) 由算术运算符构成的表达式,称为算术表达式。

(2) 由连接运算符构成的表达式,称为连接运算表达式。

（3）由赋值运算符构成的表达式，称为赋值表达式。

（4）由关系运算符构成的表达式，称为关系表达式。

（5）由逻辑运算符构成的表达式，称为逻辑表达式。

（6）由位运算符构成的表达式，称为位运算表达式。

表达式中运算符和操作数的运算通常以"从左向右"的方式进行，可以使用小括号（）提高运算优先级。

2.4.1　算术运算符

算术运算符用于算术运算，其操作数为整数类型或者浮点类型等。算术表达式用算术运算符将变量、常量等连接起来，其运算结果为整数类型或者浮点类型常量。表 2-5 列出了常用算术运算符的使用及说明。

表 2-5　常用算术运算符的使用及说明

运算符	名　　称	使用方式	说　　明
＋	加	a＋b	a 加 b
－	减	a－b	a 减 b
＊	乘	a＊b	a 乘 b
／	除	a/b	a 除 b
％	取模	a％b	a 取模 b（返回除数的余数）
＋＋	自增	＋＋a,a＋＋	在变量 a 自身值基础上加 1
－－	自减	－－a, a－－	在变量 a 自身值基础上减 1

特殊说明

（1）"％"取模运算时，表达式结果的正负由被除数决定。

例如：

a 是－5,b 是 3 时,a％b 的结果是－2

a 是－5,b 是－3 时,a％b 的结果还是－2

a 是 5,b 是－3 时,a％b 的结果是 2

a 是 5,b 是 3 时,a％b 的结果是 2

（2）一元算术运算符"＋＋"和"－－"的用法有两种：前缀方式（如＋＋a）与后缀方式（如 a＋＋），对操作数本身值的影响是相同的，但其对表达式值的影响是不同的。

① 前缀方式是先将操作数加（减）1,再参与算术表达式运算。

② 后缀方式是先将操作数的值参与算术表达式运算,再将操作数的值加（减）1。

"＋＋"和"－－"一元算术运算符只可以作用在变量上，而不能使用在常量上。如：＋＋5,3－－ 都是错误的写法。

【例 2-6】　算术运算符的使用。

```
1  package javaoo;
2  public class Demo2_6 {
3      public static void main(String[] args) {
```

```
4            int a=5;
5            int b=3;
6            System.out.println(a+b);        //8
7            System.out.println(a-b);        //2
8            System.out.println(a*b);        //15
9            System.out.println(a/b);        //1
10           System.out.println(a%b);        //2
11           System.out.println(a++);        //5
12           System.out.println(++a);        //7
13           System.out.println(b--);        //3
14           System.out.println(--b);        //1
15       }
16   }
```

运行结果：见每条输出语句的单行注释部分。

代码解释：

第 11 行是"＋＋"后缀方式，先输出变量 a 的值为 5，参与运算后变量 a 的值加 1，变成 6。

第 12 行是"＋＋"前缀方式，先变量 a 自身加 1，因为程序是顺序执行的，所以是在第 11 行的基础上加 1，变成 7。

第 13 行是"－－"后缀方式，先输出变量 b 的值为 3，参与运算后，变量 b 的值减 1，变成 2。

第 14 行是"－－"前缀形式，先变量 b 减 1，是在第 13 行的基础上减 1，变成 1。

2.4.2　连接运算符

运算符"＋"有两种用法：

(1) 当"＋"左右两边操作数都为数值时，其为算术运算符，执行加法运算。

(2) 当"＋"左右两边有字符串出现时，其为连接运算符，执行连接运算。

【例 2-7】　连接运算符的使用。

```
1   package javaoo;
2   public class Demo2_7 {
3       public static void main(String[] args) {
4           System.out.println(2+3);            //5
5           System.out.println(2+"3");          //23
6           System.out.println("2"+3+4);        //234
7           System.out.println("2"+(3+4));      //27
8       }
9   }
```

运行结果：见每条输出语句的单行注释部分。

代码解释：

System.out.println()为控制台输出语句，表达式经过该语句输出时，默认以字符串的形式出现，控制台中默认字符串的双引号不显示。

第 4 行由于"+"左右两边操作数是整数,所以其为算术运算符。2+3 表达式的结果为数值 5,经过输出语句后,在控制台看到的结果其实已经是转换后的字符串"5"。

第 5 行由于"+"右边的"3"为字符串,所以其为连接运算符。首先把数值 2 转换为字符串"2",再和"3"进行连接运算,得到新的字符串"23"并在控制台输出。

第 6 行由于第 1 个"+"左边的操作数"2"为字符串,所以其为连接运算符。首先把数值 3 转换为字符串"3",和"2"进行连接运算,变成字符串"23",接着,由于第 2 个"+"左边的操作数"23"为字符串,所以其也为连接运算符,把右边数值 4 转换为字符串"4",和字符串"23"进行连接运算,变成字符串"234",并在控制台输出。

第 7 行由于使用了小括号,因此第 2 个"+"有较高的优先级,再由于其左右两边操作数为数值 3 和 4,所以该"+"为算术运算符,得到数值 7;接着,由于第 1 个"+"左边为字符串"2",所以其为连接运算符,数值 7 自动转换为字符串"7",执行连接运算,得到字符串"27",并在控制台输出。

2.4.3 赋值运算符

赋值运算符"="的作用是把右边操作数的值或者表达式的计算结果赋给左边操作数。赋值运算符的左边操作数通常是 1 个变量,右边操作数可以是常量、变量、表达式。

赋值运算符"="前面加上其他运算符,可以组成复合赋值运算符。复合赋值运算符的使用见表 2-6。

表 2-6　复合赋值运算符的使用

运　算　符	名　　称	使　用　方　式	说　　　明
+=	相加赋值	a+=b	加并赋值,a=a+b
-=	相减赋值	a-=b	减并赋值,a=a-b
*=	相乘赋值	a*=b	乘并赋值,a=a*b
/=	相除赋值	a/=b	除并赋值,a=a/b
%=	取模赋值	a%=b	取模并赋值,a=a%b

注意:如果赋值运算符两边操作数的数据类型一致,则直接将右边的数据赋给左边操作数;如果不一致,则需要进行数据类型的自动或强制转换,将右边的数据类型转换成左边的数据类型后,再将右边的数据赋给左边操作数。

【例 2-8】　赋值运算符的使用。

```
1  package javaoo;
2  public class Demo2_8 {
3    public static void main(String[] args) {
4        int a=5;
5        int b=3;
6        System.out.println(a+=b);    //8
7        System.out.println(a-=b);    //5
8        System.out.println(a*=b);    //15
9        System.out.println(a/=b);    //5
```

```
10          System.out.println(a%=b);    //2
11      }
12  }
```

运行结果：见每条输出语句的单行注释部分。

代码解释：

第 6 行 a+=b 等价于 a=a+b。因为赋值运算符的优先级低于算术运算符,所以先计算右边的表达式,其结果是 8,接着把 8 赋值给变量 a 并输出变量 a 的值。

第 7~10 行的运算方式与第 6 行类似。第 7 行变量 a 的值最初是 8,经过运算后的结果是 5。

第 8 行变量 a 的值最初是 5,经过运算后的结果是 15。

第 9 行变量 a 的值最初是 15,经过运算后的结果是 5。

第 10 行变量 a 的值最初是 5,经过运算后的结果是 2。

2.4.4　关系运算符

关系运算符的作用是对两个操作数进行关系运算,形成关系表达式,其运算结果为逻辑值。如果关系表达式成立,则结果为真(true),否则为假(false)。常用的关系运算符见表 2-7。

表 2-7　常用的关系运算符

运算符	名　　称	使用方法	说　　　　明
==	等于	a==b	如果 a 等于 b,则返回真,否则为假
!=	不等于	a!=b	如果 a 不等于 b,则返回真,否则为假
>	大于	a>b	如果 a 大于 b,则返回真,否则为假
<	小于	a<b	如果 a 小于 b,则返回真,否则为假
<=	小于或等于	a<=b	如果 a 小于或等于 b,则返回真,否则为假
>=	大于或等于	a>=b	如果 a 大于或等于 b,则返回真,否则为假

注意：关系运算符的等于为双等号"==",而赋值运算符为单等号"="。

2.4.5　逻辑运算符

逻辑运算符的作用是对关系表达式或者逻辑表达式进行逻辑运算,其运算结果为逻辑值。逻辑运算符有:与("&&"和"&"),或("||"和"|"),非("!")。逻辑运算符的运算规则见表 2-8。

表 2-8　逻辑运算符的运算规则

表达式 A	表达式 B	A&&B(A&B)	A||B(A|B)	!A
false	false	false	false	true
false	true	false	true	true

表达式 A	表达式 B	A&&B(A&B)	A||B(A|B)	!A
true	false	false	true	false
true	true	true	true	false

与运算：当表达式 A 和表达式 B 都为 true 时，表达式结果才是 true。

或运算：当表达式 A 或表达式 B 为 true 时，表达式结果是 true。

非运算：true 的非运算是 false，false 的非运算是 true。

注意：

（1）逻辑运算符"&&""||"是短路（断路）运算符。运算符左边的表达式运算结果，就可以代表整个表达式的结果，这时运算符右边的表达式被短路，不参与运算。

（2）逻辑运算符"&""|"是非短路运算符，逻辑运算符左右两边的表达式都要参与运算。

【例 2-9】 逻辑运算符的使用。

```
1  package javaoo;
2  public class Demo2_9 {
3      public static void main(String[] args) {
4          int a=1;
5          int b=2;
6          int c=6;
7          System.out.println(a>b&&c>b);          //false
8          System.out.println(a>b&c>b);           //false
9          System.out.println(a<b||c>b);          //true
10         System.out.println(a<b|c>b);           //true
11         System.out.println(!(a>b));            //true
12         System.out.println((a>b)&&(++a==b));   //false
13         System.out.println(a);                 //1
14         System.out.println((a>b)&(++a==b));    //false
15         System.out.println(a);                 //2
16         System.out.println((a<c)||(++a==b));   //true
17         System.out.println(a);                 //2
18         System.out.println((a<c)|(++a==b));    //true
19         System.out.println(a);                 //3
20     }
21  }
```

运行结果：见每条输出语句的单行注释部分。

代码解释：

逻辑表达式涉及单个表达式及整体表达式的逻辑运算结果，以第 7 行代码为例对表达式进行说明，如图 2-5 所示。

第 7 行 a>b&&c>b 中单个表达式 1 的运算

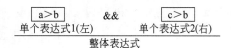

图 2-5 表达式说明

结果是 false,根据表 2-8 对应规则,整体表达式的结果也是 false,因为"&&"为短路运算符,所以单个表达式 2 不参与运算。

第 8 行 a>b&c>b 中单个表达式 1 运算结果是 false,因为"&"为非短路运算符,所以单个表达式 2 参与运算,结果是 true,整体表达式的结果是 false。

第 9 行 a<b||c>b 中单个表达式 1 运算结果是 true,这时整体表达式的结果已经可以确定是 true,因为"||"为短路运算符,所以单个表达式 2 不参与运算。

第 10 行 a<b|c>b 中单个表达式 1 运算结果是 true,因为"|"为非短路运算符,所以单个表达式 2 参与运算,结果是 true,整体表达式的结果是 true。

第 11 行 a>b 运算结果是 false,取反的结果是 true。

第 12~13 行(a>b)&&(++a==b)中单个表达式 1 运算结果是 false,这时整体表达式的结果已经可以确定是 false,因为"&&"为短路运算符,单个表达式 2 不参与运算,所以第 13 行变量 a 的值仍然是 1。

第 14~15 行(a>b)&(++a==b)中单个表达式 1 的运算结果是 false,因为"&"为非短路运算符,所以单个表达式 2 参与运算,由于"++"在变量 a 的前面,变量 a 的值自身先加 1,值是 2,再比较 a==b,结果是 true,但是整个表达式的结果不变,仍然是 false,第 15 行变量 a 的值为 2。

思考:

第 16~19 行逻辑运算的过程是什么?

2.4.6　位运算符

位运算符的作用是以二进制数的方式对数值类型数据按位进行运算。常见的位运算符见表 2-9。

表 2-9　常见的位运算符

符　　号	含　　义	备　　注
&	按位与	a&b
|	按位或	a|b
^	异或	a^b
~	取反	~a
<<	左移	a<<b
>>	右移	a>>b
>>>	无符号右移	a>>>b

在位运算时,首先把数值类型数据转换成二进制表示方式,然后按照以下运算规则执行运算。假设参与运算的操作数是 a 和 b,结果是 c。

1. 与运算符"&"

如果 a,b 两个操作数对应位上的数值都是 1,则 c 在该位上的数值是 1,否则是 0。

2. 或运算符"|"

如果 a,b 两个操作数对应位上的数值都是 0,则 c 在该位上的数值是 0,否则是 1。

3. 异或运算符"^"

如果 a,b 两个操作数对应位上的数值相同,则 c 在该位上的数值是 0,否则是 1。由异或运算规则可以推导出:a^a=0,a^0=a,a=a^b^b。

4. 取反运算符"～"

该运算符只有 1 个操作数。如果 a 对应位上的数值是 0,则 c 在该位上的数值是 1,否则是 0。

5. 左移运算符"<<"

操作数向左移动指定位数,去除溢出的高位,空出的低位用数值 0 补位。

6. 右移运算符">>"

操作数向右移动指定位数,去除溢出的低位,高位数值是 0 时,用数值 0 补位,高位数值是 1 时,用数值 1 补位。

7. 无符号右移运算符">>>"

无符号向右移动指定位数,去除溢出的低位,高位用数值 0 补位。

下面以十进制数 10 和 8 进行位运算为例。首先把两个操作数转换为二进制数,分别是 1010 和 1000,接着进行位运算,结果如图 2-6 所示。

```
    1 0 1 0            1 0 1 0
  & 1 0 0 0          | 1 0 0 0
    1 0 0 0            1 0 1 0

    1 0 1 0
  ^ 1 0 0 0
    0 0 1 0
```

图 2-6 位运算符的使用

注意:在实际操作数据类型时,不同数据类型开辟的内存空间不同,所占的位数也不同,图 2-6 是一种简化的写法。

【例 2-10】 位运算符的使用。

```
1  package javaoo;
2  public class Demo2_10 {
3      public static void main(String[] args) {
4          byte x=10;
5          byte y=8;
6          System.out.println(x&y);     //8
7          System.out.println(x|y);     //10
8          System.out.println(x^y);     //2
9          System.out.println(~y);      //-9
10         System.out.println(x<<2);    //40
11         System.out.println(x>>2);    //2
12      }
13  }
```

运行结果:见每条输出语句的单行注释部分。

代码解释:

byte 数据类型的变量占 1 字节的内存空间,即 8 位。十进制数 10 用二进制表示是

00001010,十进制数 8 用二进制表示是 00001000。

第 6 行 x&y,按位与运算后的结果是 00001000,输出语句以十进制数输出,输出结果是数值 8。

第 7 行 x|y,按位或运算后的结果是 00001010,输出结果是数值 10。

第 8 行 x^y,按位异或运算后的结果是 00000010,输出结果是数值 2。

第 9 行 ~y,取反运算后的结果为 11110111。在 Java 语言中,存储数据都是以补码方式存储,正数的补码和原码一致,负数的转换规则为:符号位不变(左数第一位数),在补码的基础上减 1 后(11110110),其他位数取反(10001001),即数值 -9。

第 10 行 x<<2 该二进制数左移 2 位(00101000),即数值 40,等同于原数乘以两个 2。

第 11 行 x>>2 该二进制数右移 2 位(00000010),即数值 2,等同于原数除以两个 2 后取整。

与(&)、或(|)、异或(^)也可以操作逻辑类型的数据,如表 2-10 所示。

表 2-10　位运算符操作逻辑数据

A	B	A&B	A|B	A^B
true	true	true	true	false
true	false	false	true	true
false	true	false	true	true
false	false	false	false	false

注意:在按位运算中,0 代表 false,1 代表 true。除了位运算,数值 0 和 1 与 false 和 true 不能相互转换。

2.4.7　条件运算符

条件运算符的符号"?:"是 1 个三目运算符,由 3 个表达式组成。使用方式如下:

< 表达式 1>　? < 表达式 2>　: < 表达式 3>

说明:执行过程是先求解表达式 1 的值,如果为真,则返回表达式 2 运算的结果;如果为假,则返回表达式 3 运算的结果;最终运算的结果类型由 3 个表达式中最大的数据类型决定。

例如:8<9? 9:4.4 的结果是 9.0。

条件运算符在一些情况下,可以替代 if-else 条件语句。

2.4.8　运算符的优先级

运算符通常按照优先级从高到低的方式进行运算。类似数学中的四则混合运算,先计算乘、除法,后计算加、减法。Java 语言中运算符的优先级顺序见表 2-11。

表 2-11 中列出了常见运算符的优先级。由于运算符数量较多,很难记忆,但找到优先级的运算规律,学习起来就会事半功倍。优先级的使用有 3 个基本规律。

表 2-11　Java 语言中运算符的优先级顺序

级　别	运　算　符	结　合　性	备　注
1	［］ . （）	左结合	最高
2	！ ++ −−	右结合	
3	* / %	左结合	
4	+ −	左结合	
5	<< >> >>>	左结合	
6	< <= > >=	左结合	
7	== ！=	左结合	
8	&	左结合	
9	^	左结合	
10	|	左结合	
11	&&	左结合	
12	||	左结合	
13	？:	右结合	
14	= += 赋值的各种变体	右结合	最低

1. 按操作数多少划分

一元操作符 > 二元操作符 > 三元操作符

2. 按运算类型划分

算术运算符 > 关系运算符 > 逻辑运算符 > 赋值运算符

3. 不确定优先级时使用小括号

小括号在运算符中具有较高的优先级,多种运算符并存时,多使用小括号是一种好的编程习惯,这样能够增强代码的可读性。

运算符除了具有优先级,还有结合性。当两个运算符的优先级相同时,按照其运算的顺序不同,分为左结合(从左往右运算)和右结合(从右往左运算)。多数运算符都是左结合,只有一元运算符、赋值运算符和条件运算符是右结合。

例如:

```
int a=1;
int b=2;
int c=b=a;
```

说明:赋值运算符"="运算顺序是从右往左,先运算 b=a,再运算 c=b,整型变量 b 和 c 最终的值都是 1。

例如:

```
int a=1;
int b=2;
```

```
int c=3;
int d=a+b+c;
```

说明：由于算术运算符"+"的优先级高于赋值运算符"="，因此运算顺序是先运算a+b，再运算+c，最后把计算结果赋值给变量d，最终的值是6。

课堂练习3

1. 下列表达式计算结果为 double 类型的是(　　)。
   A. 10 +2.0　　　　　　　　　　　　B. 3 / 2
   C. (4 < 0)？1：2　　　　　　　　　D. 2.0F
2. 下列程序的运行结果是(　　)。
```
public class Test {
    public static void main(String a[]) {
        int x =5;
        int y =6;
        System.out.println("x +y =" +(x +y));
    }
}
```
   A. x ＋ y ＝ x ＋ y　　　　　　　　B. x ＋ y ＝ 5 ＋ 6
   C. x ＋ y ＝ 11　　　　　　　　　　D. 5 ＋ 6 ＝ 11
3. 下面程序段的输出结果是(　　)。
```
int a =3;
System.out.print(++a);
System.out.print(a);
System.out.print(a++);
```
   A. 445　　　　　　B. 456　　　　　　C. 345　　　　　　D. 444
4. 下面程序的运行结果是(　　)。
```
public class Test{
    public static void main(String args[]) {
        int i =10;
        boolean x =false && (i ==10);
        boolean y =true & (i <10);
        System.out.println("x =" +x +"; y =" +y);
    }
}
```
   A. x ＝ false；y ＝ false　　　　B. x ＝ true；y ＝ false
   C. x ＝ true；y ＝ true　　　　　D. x ＝ false；y ＝ true
5. 下面程序的运行结果是(　　)。
```
public class Test {
```

```java
public static void main(String args[]) {
    int i = 10;
    boolean x = true || (i > 10);
    boolean y = false | (i == 10);
    System.out.println("x =" + x + "; y =" + y);
}
}
```

A. x = false; y = false

B. x = true; y = false

C. x = false; y = true

D. x = true; y = true

6. 下面程序的运行结果是(　　)。

```java
public class Test {
    public static void main(String[] args) {
        int i = 0xFFFFFFF1;
        int j = ~i;
        System.out.println(j);
    }
}
```

A. 0

B. 1

C. 14

D. −15

2.5　程序控制结构

程序控制结构用来控制程序的执行顺序,具体分为 3 种:顺序结构、条件结构和循环结构。

1. 顺序结构

顺序结构是程序默认的执行方式,即执行完第 1 行后,执行第 2 行,直到执行完程序最后一行,整个程序结束。

顺序结构如图 2-7 所示。

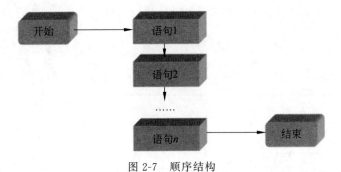

图 2-7　顺序结构

2. 条件结构

条件结构是根据条件判断的结果决定部分程序执行或者不执行,也称为分支结构。

例如:"红灯停,绿灯行,黄灯警",在公路上行驶的车辆需要根据交通信号灯的变化,执行不同的开车动作。

条件结构如图 2-8 所示。

3. 循环结构

循环结构是周而复始地重复执行某段程序,直到某个条件满足时才停止执行或者永无停止地执行(死循环)。

例如:小时候经常听的故事,故事的内容是"从前有座山,山里有个庙,庙里有个老和尚在讲故事,讲的什么故事,从前有座山,山里有个庙……"这个故事如果要讲,可能永远也讲不完,是"死循环"。

循环结构如图 2-9 所示。

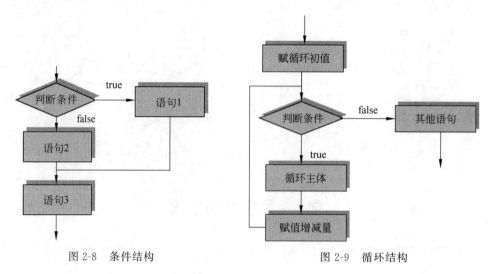

图 2-8　条件结构　　　　　　　　　图 2-9　循环结构

条件语句

2.5.1　条件语句

Java 语言中的条件语句分为 if 和 switch 两种。

1. if 语句

if 语句是最基本的条件语句,其基本功能是判断条件的真或假,然后再从程序块中选择其中一块执行。

(1) if 语句。

if 语句的形式如下:

```
if(条件){
    语句体 1;
}
[else{
    语句体 2;
}]
```

其中:

① 条件为布尔表达式,其值为真或假。

② [ ]括起来的 else 子句部分是可选部分。

③ 语句体 1 和语句体 2 可以是单条语句,也可以是多条复合语句。

④ if 语句的执行过程是:若条件为真,则执行语句体 1;否则执行语句体 2。

⑤ {}为语句体的开始标记和结束标记。如果语句体中只有一条语句,{}可以省略。

【例 2-11】 单 if 条件语句的使用。

```
1  package javaoo;
2  public class Demo2_11 {
3      public static void main(String[] args) {
4          int x=5;
5          int y=10;
6          if(x>y){
7              System.out.println(x);
8          }
9          if(x<y) {
10             System.out.println(y);
11         }
12     }
13 }
```

运行结果:

10

代码解释:

第 6 行因为条件语句 x>y 的运算结果是逻辑值 false,所以第 7 行代码不执行,转而执行第 9 行的条件判断语句 x<y,因为其运算结果是逻辑值 true,所以执行第 10 行语句,输出结果是 10,执行过程如图 2-10 所示。

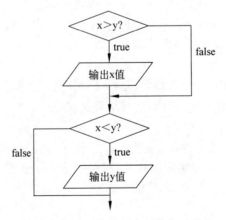

图 2-10 单 if 条件语句的执行过程

【例 2-12】 二选一 if 条件语句的使用。

```
1  package javaoo;
2  public class Demo2_12 {
3      public static void main(String[] args) {
```

```
4        int x =5;
5        int y =10;
6        if (x> y) {
7            System.out.println(x);
8        } else {
9            System.out.println(y);
10       }
11    }
12 }
```

运行结果：

10

二选一 if 条件语句的执行过程如图 2-11 所示。

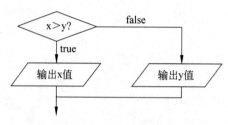

图 2-11　二选一 if 条件语句的执行过程

代码解释：

第 6 行因为 x>y 的运算结果是逻辑值 false，所以第 7 行代码不执行，转而执行第 9 行代码，结果是 10。

在二选一 if 条件语句中，执行进入一个分支后，就不会再执行另外一个分支的语句。本例中只有一个条件语句，结果是"非真即假"，而例 2-11 中是两个条件语句，两个条件彼此独立，可能两个条件都满足，也可能都不满足。

思考题：

① 第 6 行语句，如果用 x==y 替代，运行结果将是什么？

② 第 6 行语句，如果用 x=y 替代，运行结果又将是什么？

答案：

① 运行结果输出 10。因为 x==y 的运算结果为 false，所以输出 y 的值。

② 程序编译错误。x=y 为赋值表达式，赋值表达式的结果类型由赋值的数据类型决定，本例中为 int 类型，不可以作为条件出现。

（2）多选一 if 条件语句。

多选一 if 条件语句的形式如下：

```
if (条件 1){
    语句体 1;
}else if (条件 2){
    语句体 2;
}[else if (条件 3){
```

```
    ......
}]else{
    语句体 n;
}
```

其中：

① []部分为可选部分。

② 在 else if 中间的空格必须要有。

③ 该种形式的执行过程是：当条件 1 是逻辑值 true 时，执行语句体 1，其他语句不执行；当条件 1 是逻辑值 false 时，则接着判断条件 2，如果条件 2 是逻辑值 true 时，执行语句体 2，其他语句不执行，以此类推，当所有条件都是逻辑值 false 时，执行 else 中的语句体 n。

【例 2-13】 多选一 if 条件语句的使用。

```
1   package javaoo;
2   public class Demo2_13 {
3       public static void main(String[] args) {
4           int x =5;
5           int y =10;
6           if (x>y) {
7               System.out.println("x>y");
8           } else if (x==y) {
9               System.out.println("x==y");
10          } else {
11              System.out.println("x<y");
12          }
13      }
14  }
```

运行结果：

x<y

多选一 if 条件语句的执行过程如图 2-12 所示。

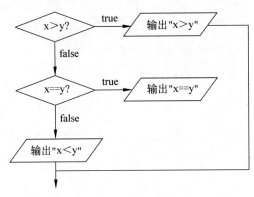

图 2-12　多选一 if 条件语句的执行过程

代码解释：

第 6 行由于 x＞y 的运算结果是逻辑值 false，因此接着执行第 8 行的 x＝＝y 条件语句，其运算结果是逻辑值 false，最后执行 else 中的语句。

（3）if 语句的嵌套形式。

if 语句的嵌套形式是指在 1 个 if 语句中包含一个或多个其他 if 语句。if 语句嵌套的形式有多种，这里只用一种形式说明，具体如下：

```
if(条件 1){
   if(条件 2){
       语句体 1;
   }else {
       语句体 2;
    }
}else if(条件 3){
       语句体 3;
}else {
       语句体 4;
```

该种嵌套形式的执行过程是：如果条件 1 是逻辑值 true 时，判断条件 2 是否成立，如果条件 2 的执行结果是逻辑值 true，则执行语句体 1，否则执行语句体 2；如果条件 1 是逻辑值 false，则判断条件 3 是否成立，如果条件 3 是逻辑值 true，则执行语句体 3，否则执行语句体 4。

【例 2-14】 嵌套 if 条件语句的使用。

```
1  package javaoo;
2  public class Demo2_14 {
3      public static void main(String[] args) {
4          int x=5;
5          int y=10;
6          if (x==5) {
7              if (y==10) {
8                  System.out.println("x==5 and y==10");
9              } else {
10                 System.out.println("x==5 and y!=10");
11             }
12         } else {
13             System.out.println("x!=5");
14         }
15     }
16  }
```

运行结果：

x==5 and y==10

代码解释：

第 6 行因为 x==5 的运算结果是逻辑值 true,所以第 12～14 行不会执行,接着执行第 7 行 y==10,其结果是逻辑值 true,所以第 9～11 行不会执行,最后执行第 8 行的输出语句。

【例 2-15】 通过 if 语句的多种形式判断某一年是否为闰年。

闰年的判断标准是:四年一闰,百年不闰;四百年再闰。也就是说,满足以下两个条件之一即为闰年:

① 能被 4 整除,但不能被 100 整除。

② 能被 400 整除。

```java
1   package javaoo;
2   public class Demo2_15 {
3       public static void main(String args[]) {
4           /* 方法 1:if 语句的一般形式 */
5           int year =1921;
6           if ((year %4 ==0 && year %100 !=0) || (year %400 ==0))
7               System.out.println(year +" 是闰年!");
8           else
9               System.out.println(year +" 不是闰年!");
10          /* 方法 2:多选一 if 条件语句 */
11          year =2000;
12          boolean leap;
13          if (year %4 !=0)
14              leap =false;
15          else if (year %100 !=0)
16              leap =true;
17          else if (year %400 !=0)
18              leap =false;
19          else
20              leap =true;
21          if (leap ==true)
22              System.out.println(year +" 是闰年!");
23          else
24              System.out.println(year +" 不是闰年!");
25          /* 方法 3:嵌套 if 条件语句 */
26          year =2021;
27          if (year %4 ==0) {
28              if (year %100 ==0) {
29                  if (year %400 ==0)
30                      leap =true;
31                  else
32                      leap =false;
33              } else
34                  leap =true;
35          } else
```

```
36              leap =false;
37          if (leap ==true)
38              System.out.println(year +" 是闰年!");
39          else
40              System.out.println(year +" 不是闰年!");
41      }
42  }
```

运行结果：

1921 不是闰年!
2000 是闰年!
2021 不是闰年!

2. switch 语句

switch 语句又称多条件分支语句,其通过比较 switch 表达式的运算结果和 case 语句后的值是否相等,决定执行对应的语句体。处理多种分支情况时,用 switch 语句代替 if 语句可以简化程序,使程序结构清晰明了,可读性增强。

(1) switch 语句的一般形式。

```
switch (表达式)
{
    case 值 1:{语句体 1;[break;]}
    case 值 2:{语句体 2;[break;]}
    …
    case 值 n:{语句 n;[break;]}
    [default:{缺省语句体;}]
}
```

其中：

① 表达式运算的结果可以是 byte、short、int、char、String 类型中的任意一种,通常采用 int 类型。

② case 语句中的值是常量,数据类型必须一致,值后的冒号不可以省略。

③ []括号中的 default 缺省语句和 break 为可选。

④ 每个 case 分支中的 break 有特殊的作用,如果省略 break,流程会发生改变。

⑤ 每个 case 分支和 default 部分建议使用{},也可以省略。

⑥ 各个分支的先后顺序可以随意调换,也可以把 default 语句放到其他分支上面。

switch 语句的执行过程如下：

① 计算 switch 表达式的结果。

② 把该结果依次和 case 分支的常量进行比较。

③ 如果不相等,则忽略该分支中的语句。

④ 如果相等,则执行该 case 分支中的语句。

⑤ 当所有条件都不成立时,执行 default 部分中的语句。

⑥ 在执行任何一个分支的过程中如果遇到 break 语句,则中断整个 switch 语句的

执行。

【例 2-16】 switch 条件分支语句的使用。

```
1   package javaoo;
2   public class Demo2_16 {
3       public static void main(String[] args) {
4           int x=3;
5           switch (x) {
6               case 1: {
7                   System.out.println("x=1");
8                   break;
9               }
10              case 2: {
11                  System.out.println("x=2");
12                  break;
13              }
14              case 3: {
15                  System.out.println("x=3");
16                  break;
17              }
18              default: {
19                  System.out.println("default");
20                  break;
21              }
22          }
23      }
24  }
```

运行结果：

x=3

switch 条件分支语句的执行流程如图 2-13 所示。

代码解释：

首先用 switch 表达式中 x 的值 3 和第 6 行的 case 语句中的常量 1 比较，因为不相等，所以第 7～9 行代码不执行；接着用 x 的值和第 10 行的 case 语句中的常量 2 比较，因为不相等，所以第 11～13 行代码不执行；再接着和第 14 行的 case 语句中的常量 3 比较，因为相等，所以执行第 15～17 行代码，先输出 x 的值 3，因为有 break 语句，所以会终止其他 switch 语句的执行，即第 18～21 行代码不执行。

思考题：

① 如果注释掉第 16 行，程序的运行结果是什么？

② 如果第 4 行的代码用 x＝4 替换，程序的运行结果是什么？

解析：

① 运行结果为 x＝3 和 default。因为对应 case 中的语句执行完毕后，没有 break 语句，程序会接着执行后续的代码，即 default 部分的语句，输出 default，接着由于有 break 语句，

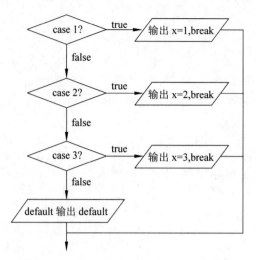

图 2-13   switch 条件分支语句的执行流程

则退出整个 switch 语句。

② 因为 case 语句中的常量和表达式的结果都不相等,所以执行 default 部分的代码,先输出 default,接着由于有 break 语句,因此退出整个 switch 语句。

(2) switch 语句的特殊形式。

switch 语句的使用形式中,可以多个 case 共用一组执行语句。其形式如下所示:

```
switch (表达式)
{
    case 值 1:
    case 值 2:
    case 值 3:{语句体 3;[break;]}
    ……
    case 值 n:{语句体 n;[break;]}
    [default :{缺省语句;}]
}
```

该种形式的执行过程是:如果表达式的结果与某个 case 中的常量值相等,程序不仅执行该 case 里的语句,而且继续执行后续 case 中的语句,直到遇到 break 语句时,退出整个switch 语句。

【例 2-17】 特殊的 switch 条件分支语句。

```
1  package javaoo;
2  public class Demo2_17 {
3      public static void main(String[] args) {
4          int month = 8;
5          switch (month) {
6              case 1:
7              case 2:
8              case 3: {
```

```
9                System.out.println("第一季度");
10               break;
11           }
12       case 4:
13       case 5:
14       case 6: {
15               System.out.println("第二季度");
16               break;
17           }
18       case 7:
19       case 8:
20       case 9: {
21               System.out.println("第三季度");
22               break;
23           }
24       case 10:
25       case 11:
26       case 12: {
27               System.out.println("第四季度");
28               break;
29           }
30       }
31   }
32 }
```

运行结果：

第三季度

代码解释：

switch 表达式的值是 8，与第 19 行 case 后的常量相等，则执行该 case 语句后的第 21～22 行代码，先输出"第三季度"，接着由于有 break 语句，所以退出整个 switch 语句。

2.5.2 循环语句

循环语句

程序设计时，有时需要重复执行一条或多条语句，这时要使用循环语句。循环语句主要有 3 种：while 循环语句、do-while 循环语句和 for 循环语句。

（1）while 循环语句。

先进行条件判断，如果条件满足，则不断执行循环体中的语句；如果条件不满足，则退出循环体。最特殊的情况是循环体一次也不执行。

（2）do-while 循环语句。

先执行循环体中的语句，再判断循环条件，如果条件满足，则执行循环体中的语句；如果条件不满足，则退出循环体。最特殊的情况是循环体只执行一次。

（3）for 循环语句。

与 while 循环语句类似，先进行条件判断，如果条件满足，则不断执行循环体中的语句；

如果条件不满足,则退出循环体。for 循环通常适合在循环次数确定的情况下使用。

1. while 循环语句

while 语句是最基本的循环语句。其一般形式是:

```
[循环变量的声明和初始化]
while (条件){
    循环体语句;
    循环变量的迭代;
}
```

while 语句的执行过程是:

① 循环变量的声明和初始化,为循环变量设置初始值。

② 进行条件判断,条件必须为逻辑值 true 或 false,如果为 true,则执行循环体中的语句;否则不执行循环体中的语句。

③ 执行循环变量的迭代,为下次循环做准备。循环体语句和循环变量的迭代可以互换位置,但是会影响程序的运行结果。

注意:在循环体中应该有使循环趋于结束的语句,否则循环将永远进行下去,形成"死循环"。

【例 2-18】 while 循环语句的使用。

```
1  package javaoo;
2  public class Demo2_18 {
3      public static void main(String[] args) {
4          int i=0;
5          while(i<10){
6              System.out.print(i+" ");
7              i++;
8          }
9      }
10 }
```

运行结果:

```
0 1 2 3 4 5 6 7 8 9
```

代码解释:

第 4 行定义 int 类型循环变量 i,并赋初值 0。

第 5 行进行条件判断。第 1 次循环变量 i 的值是 0,小于 10,循环条件是 true,进入循环体,执行第 6 行代码,输出字符串"0 "(空格是为了把数隔开),这里的 print()方法不会换行输出(换行输出使用 println()方法),第 7 行循环变量 i 自身加 1,接着又执行第 5 行的条件判断。第 2 次循环变量 i 的值是 1,还是小于 10,循环条件是 true,进入循环体,再次执行第 6~7 行代码,以此类推,当循环变量 i 的值是 10 时,循环条件是 false,则退出循环体,不再执行第 6~7 行代码,反向推导得出,最后 1 次第 6 行输出的 i 值是 9。

注意循环次数和输出结果之间的关系。通常循环变量的初值以 0 开始。

while 循环语句的执行流程,如图 2-14 所示。

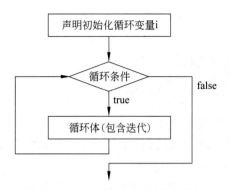

图 2-14　while 循环语句的执行流程

思考题：第 6 行与第 7 行互换位置时，该程序的输出结果是什么？

答案：运行结果是 1 2 3 4 5 6 7 8 9 10，因为循环变量先自身加 1 后输出。

【例 2-19】　使用 while 循环语句计算 1～100 的和。

```
1   package javaoo;
2   public class Demo2_19 {
3       public static void main(String args[]) {
4           int n =1;
5           int sum =0;
6           while (n <=100) {
7               sum +=n;
8               n++;
9           }
10          System.out.println("sum=" +sum);
11      }
12  }
```

运行结果：

sum=5050

代码解析：

根据题目要求需要首先判断变量的个数，本题目需要定义两个变量。变量 n 是循环变量，控制循环次数；变量 sum 用来保存每次的运算结果。

其次确定算法：$sum_n = sum_{n-1} + n$；

最后，在循环结束后，第 10 行输出运算结果。

2. do-while 循环语句

do-while 循环和 while 循环略有不同，do-while 循环先执行一次循环体中的语句，然后再判断循环条件。do-while 循环至少执行一次循环体中的语句。

do-while 循环语句的一般形式为：

初始化部分；
do {
    循环体语句；

```
    [迭代部分;]
} while (条件);
```

do-while 循环语句的执行过程是：

① 定义循环变量并初始化。

② 执行循环体语句。

③ 执行迭代部分，为下次循环做准备。

④ 判断循环条件，如果结果是逻辑值 true，则返回步骤②执行；如果结果是逻辑值 false，则退出 do-while 循环语句。

注意：while（条件）后面的分号"；"不能省略，否则会出现编译错误。

【**例 2-20**】 do-while 循环语句的使用。

```
1  package javaoo;
2  public class Demo2_20 {
3      public static void main(String[] args) {
4          int i=0;
5          do {
6              System.out.print(i+" ");
7              i++;
8          } while (i<10);
9      }
10 }
```

运行结果：

```
0 1 2 3 4 5 6 7 8 9
```

代码解释：请读者根据例 2-18 解释的方式分析代码的运算结果。

"内功"修炼：请读者先不运行程序，在心里默默按照程序流程的方式进行运算，得到一个"心算"的结果，再和计算机运算的结果进行比对，如果"心算"的结果和"机算"的结果一致，说明你的理解是正确的，如果不一致，再多想想计算机是如何运算的？反复训练后，相信读者对程序的理解能力会更上一个台阶。

【**例 2-21**】 使用 do-while 循环语句计算 1~100 的和。

```
1  package javaoo;
2  public class Demo2_21 {
3      public static void main(String args[]) {
4          int n =1;
5          int sum =0;
6          do {
7              sum +=n;
8              n++;
9          } while (n <=100);
10         System.out.println("sum="+sum);
11     }
12 }
```

运行结果：

sum=5050

代码解析：请读者根据例 2-19 解释的方式分析代码的运算结果。

3. for 循环语句

for 循环是程序中使用最多的一种循环语句，它结构紧凑，书写方便，可读性强，通常在循环次数确定的情况下使用。

for 循环语句的一般形式是：

```
for (表达式 1;表达式 2;表达式 3){
    循环体语句；
}
```

for 循环语句的执行过程是：

① 先执行表达式 1，通常是执行循环变量初始化。

② 接着执行表达式 2，判断循环条件是否满足。如果条件是 true，则执行循环体语句；否则退出 for 循环语句。

③ 最后执行表达式 3，执行循环变量的迭代，为下次循环做准备。

④ 当表达式 3 执行完毕后，转至步骤②，接着判断循环条件是否满足。

for 循环语句先判断循环条件后执行，如果不满足判断条件，循环体可能一次都不执行，在这方面 for 循环语句与 while 循环语句类似。

【例 2-22】 for 循环语句的使用。

```
1   package javaoo;
2   public class Demo2_22 {
3       public static void main(String[] args) {
4           for(int i=0;i<10;i++){
5               System.out.print(i+" ");
6           }
7       }
8   }
```

运行结果：

0 1 2 3 4 5 6 7 8 9

代码解析：

第 4 行首先给循环变量 i 赋初值 0，接着判断循环条件 i<10，结果为 true，进入循环体，执行第 5 行代码一次，输出"0 "，接着转到第 4 行执行 i＋＋语句，循环变量 i 的值变为 1，于是又判断循环条件 i<10，结果为 true，又执行第 5 行代码一次，输出"1 "，以此类推，当最后一次 i＋＋，循环变量值 i 为 10 时，循环条件为 false，整个 for 循环结束。

for 循环语句的执行流程如图 2-15 所示。

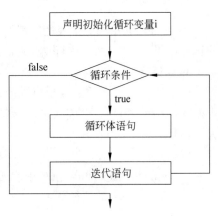

图 2-15 for 循环语句的执行流程

【例 2-23】 用 for 循环语句计算 1～100 的和。

```
1  package javaoo;
2  public class Demo2_23 {
3      public static void main(String[] args) {
4          int sum=0;
5          for(int i=0;i<=100;i++) {
6              sum+=i;
7          }
8          System.out.println("sum="+sum);
9      }
10  }
```

运行结果：

sum=5050

代码解析：请读者根据例 2-19 解释的方式分析代码的运算结果。

【例 2-24】 for 循环语句的特殊用法。

```
1  package javaoo;
2  public class Demo2_24 {
3      public static void main(String[] args) {
4          for (int i =0; i <10;) {
5              System.out.print(i+" ");
6              i++;
7          }
8          System.out.println();//只是为了加一个换行操作
9          int i =0;
10          for (; i <10;) {
11              System.out.print(i+" ");
12              i++;
13          }
14      }
15  }
```

for 循环语句中的 3 个表达式都可以设置为空，但是不常用，特殊用法只做了解。例 2-24 的运行结果和例 2-22 的运行结果一致。

3. 死循环

通常情况下循环的次数是有限的，但是有些特殊的循环永远不会停止，这种循环称为无限循环，或者死循环。具体在循环语句中，只要循环条件的运算结果永远是 true，该循环就为死循环。

例如：

（1）while 和 do-while 循环中的死循环：while(true)。

（2）for 循环中的死循环：for(;;)。

4. 嵌套循环

一个循环的循环体中包含另外一个循环，这种嵌套结构被称为嵌套循环。嵌套循环有外循环和内循环之分,内循环在外循环的循环体内。3 种循环方式(while,do-while,for)都可以互相嵌套。

【例 2-25】 嵌套 for 循环语句输出 5 行 5 列的"*"形矩阵。

```
1   package javaoo;
2   public class Demo2_25 {
3       public static void main(String[] args) {
4           for(int i=0;i<5;i++) {          //外循环的开始位置
5               for(int j=0;j<5;j++) {   //内循环的开始位置
6                   System.out.print(" * ");
7               } //内循环的结束位置
8               System.out.println();
9           }//外循环的结束位置
10      }
11  }
```

运行结果:

```
*****
*****
*****
*****
```

代码解释:

第 4 行为外循环的开始位置,首先对外循环变量 i 赋初值 0,然后判断外循环条件 i<5,结果是 true,最后进入外循环体第 5 行。

第 5 行同时是内循环的开始位置,对内循环变量 j 赋初值 0,接着判断内循环条件 j<5,结果是 true,于是进入内循环体第 6 行,输出 1 个"*",内循环 j++后,不断循环判断内循环条件是否满足,连续输出 4 个"*",当内循环变量 j 为 5 时,内循环条件不满足,第 1 次内循环结束。

之后进入外循环体的第 8 行语句,输出 1 个换行,接着执行第 4 行外循环的 i++语句,再次判断外循环的循环条件 i<5 是否满足,如果满足条件,则执行内循环的内容,以此类推,直到外循环的循环条件为 false 时,程序结束。

嵌套循环时,外循环循环 1 次,内循环循环 1 遍。假设外循环的循环次数为 n,内循环的循环次数为 m,在没有中断语句 break 或 continue 的情况下,通常外循环体会执行 n 次,而内循环体会执行 n*m 次。

嵌套循环不仅仅是 for 循环,也可以是 while 循环和 do-while 循环,或者几个循环结构的混合。在程序中常用的嵌套循环很少超过 3 层,例 2-25 的 2 层嵌套循环比较常见。

嵌套循环中的循环变量不能全部用 i,否则会产生编译错误:i is already defined。按照编码规范,循环变量应该依次声明为小写 i、j、k,不要使用其他字母。

【例 2-26】 使用嵌套 for 循环语句输出 5 行 5 列的三角形"*"矩阵。

```
1   package javaoo;
2   public class Demo2_26 {
```

```
3      public static void main(String[] args) {
4          for(int i=0;i<5;i++) {
5              for(int j=0;j<=i;j++) {
6                  System.out.print(" * ");
7              }
8              System.out.println();
9          }
10     }
11  }
```

运行结果：

```
*
**
***
****
*****
```

代码解释：

由例 2-25 可知,外循环变量 i 控制行数,内循环变量 j 控制每行输出的" * "的数量。观察图形,可发现内在规律。第 1 行,输出 1 个" * ",第 2 行,输出 2 个" * ",以此类推,只要让 j<=i,就可以得到三角形" * "矩阵。

【例 2-27】 使用嵌套 for 循环语句输出 5 行 5 列的倒三角形" * "矩阵。

```
1   package javaoo;
2   public class Demo2_27 {
3       public static void main(String[] args) {
4           for(int i=0;i<5;i++) {
5               for(int j=0;j+i<5;j++) {
6                   System.out.print(" * ");
7               }
8               System.out.println();
9           }
10      }
11  }
```

运行结果：

```
*****
****
***
**
*
```

代码解释：

本例依然是外循环变量 i 控制行数,内循环变量 j 控制每行输出的" * "的数量。观察图形,可发现内在规律。第 1 行,5 个" * ",第 2 行,4 个" * ",以此类推,只要让 j+i<5,就可

以得到倒三角形"＊"矩阵。

【例 2-28】 求 5！＋4！＋3！＋2！＋1！的值。

```
1   package javaoo;
2   public class Demo2_28 {
3       public static void main(String args[]) {
4           int result=0;
5           int sum;
6           for (int i=0; i<5; i++) {
7               sum=1;
8               for (int j=2;j+i<=5;j++) {
9                   sum *=j;
10              }
11              result +=sum;
12          }
13          System.out.println("result=" +result);
14      }
15  }
```

运行结果：

```
result=153
```

代码解释：

阶乘计算举例，如 5！＝1×2×3×4×5,4！＝1×2×3×4，以此类推。

本例中定义了 2 个额外的变量：变量 sum 保存每次阶乘计算的结果，变量 result 保存整个阶乘求和的结果。

外循环变量 i 控制变量 result 相加的次数一共为 5 次，内循环变量 j 控制阶乘的计算。外循环第 1 次执行时 i 是 0，内循环计算 5！，外循环第 2 次执行时 i 是 1，内循环计算 4！，以此类推，由于需要计算乘法，故变量 sum 的初值设置为 1，因为 sum 的初值是 1，所以内循环可以少循环 1 次，循环变量从 2 开始，并满足 j＋i＜＝5 的条件。

5. 中断循环

使用循环语句时，有时需要根据条件中断循环的执行。中断循环通常有 break 和 continue 两种方式。

（1）break 语句。

在 switch 语句中曾经使用过 break 语句，它的作用是中断 switch 的执行。在循环语句中也可以使用 break 语句，用来中断循环语句的执行。break 语句和 continue 语句的不同之处在于，它是直截了当的、彻底的中断。

【例 2-29】 使用 break 语句中断循环的执行。

```
1   package javaoo;
2   public class Demo2_29 {
3       public static void main(String[] args) {
4           for (int i =0; i <10; i++) {
5               if (i ==5) {
```

```
6                break;
7            }
8            System.out.print(i+" ");
9        }
10    }
11 }
```

运行结果：

```
0 1 2 3 4
```

代码解释：

循环前5次,分别输出变量i的值,当循环变量i的值是5时,第5行的条件为true,于是执行第6行的break语句,中断整个循环。

嵌套循环中,break语句可以和标签联合使用,以中断指定的循环体(默认会中断离break最近的循环体)。标签必须在循环前定义。

【例2-30】 break语句和标签搭配使用。

```
1  package javaoo;
2  public class Demo2_30 {
3      public static void main(String[] args) {
4          outer: for (int i=0; i<3; i++) {
5              inner: for (int j=0; j<3; j++) {
6                  if (j==2){
7                      break outer;
8                  }
9                  System.out.print("("+i+","+j+")");
10             }
11         }
12     }
13 }
```

运行结果：

```
(0,0)(0,1)
```

代码解释：

当外循环变量i的值是0时,循环条件i<3的结果是true,进入内循环。在内循环中,当第6行j==2的运算结果是true时,执行break outer语句退出整个外循环,否则会执行第9行的语句,输出变量i和j的值。

思考:当把第7行代码替换为break inner或者break时,运行结果会是什么?

答案:运行结果为(0,0)(0,1)(1,0)(1,1)(2,0)(2,1)。因为只中断了内循环的执行,外循环仍然会按照嵌套循环的规律继续执行。

(2) continue语句。

continue语句与break语句不同,它的作用是:只中断当前这次循环,总的循环次数不变。嵌套循环中,continue语句也可以和标签联合使用。

【例 2-31】 continue 语句的使用。

```
1  package javaoo;
2  public class Demo2_31 {
3      public static void main(String[] args) {
4          for (int i = 0; i < 10; i++) {
5              if (i == 5) {
6                  continue;
7              }
8              System.out.print(i+" ");
9          }
10     }
11 }
```

运行结果：

```
0 1 2 3 4 6 7 8 9
```

代码解释：只中断了 i==5 那次循环，总的循环次数不变。

【例 2-32】 continue 语句和标签搭配使用。

```
1  package javaoo;
2  public class Demo2_32 {
3      public static void main(String[] args) {
4          outer: for (int i = 0; i < 3; i++) {
5              inner: for (int j = 0; j < 3; j++) {
6                  if (j == 1) {
7                      continue outer;
8                  }
9                  System.out.print("("+i+","+j+")");
10             }
11         }
12     }
13 }
```

运行结果：

```
(0,0)(1,0)(2,0)
```

代码解释：

只中断了 j==1 那次外循环。外循环中断时，对应的内循环也不会执行，其他的循环正常执行。

外循环第 1 次循环变量 i 的值是 0，循环条件 i<3 的结果是 true，进入内循环，内循环第 1 次循环变量 j 的值是 0，循环条件 j<3 的结果为 true，进入内循环体，由于第 6 行的条件不成立，因此不执行第 7 行代码，第 9 行输出(0,0)；接着 j++，变量 j 的值是 1 时，循环条件 j<3 的结果为 true，进入内循环，第 6 行的条件成立，中断本次外循环，转到执行外循环第 4 行 i++，变量 i 的值变为 1，条件 i<3 的结果为 true，进入内循环，以此类推。

思考：当第 7 行代码替换为 continue inner 或者 continue 时，运行结果是什么？

答案：运行结果为(0,0)(0,2)(1,0)(1,2)(2,0)(2,2)。因为第 6 行的条件成立，中断本次内循环，转到执行第 5 行 j＋＋，接着判断条件 j＜3 是否成立，而外循环仍然会按照嵌套循环的规律继续执行。

课堂练习 4

1. 下列程序的运行结果是(   )。

```
public class Test {
    public static void main(String args[]) {
        boolean b =true;
        if (b==false) {
            System.out.println("success");
        } else {
            System.out.println("fail");
        }
    }
}
```

A. 编译错误   B. success

C. fail   D. 以上都不对

2. 下列程序的运行结果是(   )。

```
public class Test {
    public static void main(String args[]) {
        boolean b =true;
        if (b) {
            System.out.println("success");
        } else {
            System.out.println("fail");
        }
    }
}
```

A. 编译错误   B. success

C. fail   D. 以上都不对

3．下列程序中，m 为什么值时，可以输出"1over"？(   )

```
public class Test{
    public static void main(String args[]){
        int m=(    );
        switch(m) {
        case 0:
            System.out.print("0");
            break;
```

```
        case 1:
            System.out.print("1");
        case 2:
        default:
            System.out.print("over");
        }
    }
}
```

A. 0   B. 1

C. 2   D. 以上都不正确

4. 下列程序的运行结果是(　　　)。

```
public class Test {
    public static void main(String args[]) {
        int i;
        for (i = 0; i < 4; i++) {
            if (i == 2)
                break;
            System.out.print(i);
        }
        System.out.println(i);
    }
}
```

A. 012   B. 12

C. 011   D. 01

5. 下列程序的运行结果是(　　　)。

```
public class Test {
    public static void main(String args[]) {
        int i = 1;
        do {
            i--;
        } while (i > 2);
        System.out.println(i);
    }
}
```

A. 0   B. 1

C. 2   D. −1

6. 下列程序的运行结果是(　　　)。

```
public class Test {
    public static void main(String args[]) {
        int x = 5 % 4;
        while (x) {
```

```
            --x;
        }
        System.out.println(x);
    }
}
```

A. 1   B. true
C. false   D. 编译错误

本 章 小 结

　　本章主要讲述了关键字和标识符,以及变量和常量。常量是指直接用于程序中的、不能被程序修改的、固定不变的量。变量是用来存取某种类型值的存储单元,其中存储的值可以在程序执行的过程中被改变。变量必须先定义后使用,对变量的定义就是给变量分配相应类型的存储空间。

　　数据类型分为两大类:基本数据类型和引用类型。基本数据类型有 8 种,又可以分为整型:byte、short、int、long;字符类型:char;浮点型:float 和 double;布尔类型:boolean。8 种基本数据类型中除了布尔类型外,其他 7 种可以相互转换,转换形式包括自动类型转换和强制类型转换。

　　程序中对数据的处理必须由运算符构成的表达式完成。本章主要介绍算术运算符、赋值运算符、关系运算符、逻辑运算符、位运算符、条件运算符等。

　　程序控制结构主要用来控制程序的执行顺序。程序控制结构分为 3 种:顺序结构、条件结构(if,switch)和循环结构(do,do-while,for),同时需要掌握循环中断语句 break 和continue 的用法。

习　题　2

一、单选题

1. 下列标识符合法的是(　　)。
   A. ♯boy   B. Case
   C. stu@dent   D. some time
2. 下列变量定义错误的是(　　)。
   A. int i = 6;   B. int i = 'A';
   C. int i = (int) 9.8;   D. byte b = 130;
3. 下列变量定义正确的是(　　)。
   A. boolean b = "true";   B. char c = "A";
   C. char c = 98;   D. float f = 1.8;
4. 下列程序的运行结果是(　　)。

```
public class Test {
    public static void main(String args[]) {
```

```
        int x = 3;
        float y = 4;
        y = x;
        System.out.println(y);
    }
}
```

A. 3   B. 4.0

C. 3.0   D. 编译错误

5.下列程序段的输出结果是(   )。

```
int x = 5;
System.out.print(x--);
System.out.print(x);
System.out.print(--x);
```

A. 544   B. 543

C. 554   D. 443

6. 下列程序的运行结果是(   )。

```
public class Test {
    public static void main(String args[]) {
        int i = 10;
        boolean x = true && (++i > 10);
        boolean y = true & (i++ < 10);
        System.out.println("x = " + x + "; y = " + y);
    }
}
```

A. x = false; y = false   B. x = true; y = false

C. x = true; y = true   D. x = false; y = true

7. 编译运行以下程序后,关于输出结果的说明正确的是(   )。

```
public class Test {
    public static void main(String args[]) {
        int x = 4;
        System.out.println("value is " + ((x > 4) ? 99.9 : 9));
    }
}
```

A. 输出结果为:value is 99.9   B. 输出结果为:value is 9

C. 输出结果为:value is 9.0   D. 编译错误

8. 下列程序的运行结果是(   )。

```
public class Test {
    public static void main(String args[]) {
        for (int i = 1; i <= 4; i++) {
            switch (i) {
```

```
        case 1:
            System.out.print("a");
        case 2:
            System.out.print("b");
            break;
        case 3:
            System.out.print("c");
        default:
            System.out.print("d");
        }
    }
    }
}
```

A. abcd   B. abbcdd
C. abbcd   D. abcdd

9. 下列程序的运行结果是(   )。

```
public class Test {
    public static void main(String args[]) {
        boolean bool = true;
        if (bool == false) {
            System.out.println("a");
        } else if (bool) {
            System.out.println("b");
        } else if (!bool) {
            System.out.println("c");
        } else {
            System.out.println("d");
        }
    }
}
```

A. a   B. b
C. c   D. d

10. 下列程序的运行结果是(   )。

```
public class Test {
    public static void main(String args[]) {
        int i = 1, j = 10;
        do {
            if (i > j) {
                continue;
            }
            j--;
        } while (++i < 6);
        System.out.println("i = " + i + " and j = " + j);
```

```
        }
    }
```

A. i = 6 and j = 5   B. i = 5 and j = 5

C. i = 6 and j = 4   D. i = 5 and j = 6

11. 下列程序的运行结果是(   )。

```
public class Test {
    public static void main(String args[]) {
        int f = 1;
        int k;
        for (k = 2; k < 5; k++)
            f *= k;
        System.out.println(k);
    }
}
```

A. 24   B. 2

C. 5   D. 4

12. 下列程序的运行结果是(   )。

```
public class Test {
    public static void main(String args[]) {
        int i = 0, j = 5;
        tp: for (;;) {
            i++;
            for (;;) {
                if (i > --j) {
                    break tp;
                }
            }
        }
        System.out.println("i = " + i + ", j = " + j);
    }
}
```

A. i = 1, j = 0   B. i = 1, j = 4

C. i = 3, j = 4   D. i = 3, j = 0

二、简答题

1. Java 语言中的基本数据类型有哪几种？如何进行转换？

2. 运算符"+"的两种用法分别是什么？

3. 简述 switch 条件语句的用法。

4. 逻辑运算符"|"与"||"的区别是什么？

5. 循环语句有哪几种？简述它们之间的区别。

三、编程题

1. 输出 100～999 所有的水仙花数。水仙花数各位数字的立方和等于这个三位数本身。例如：371 就是 1 个水仙花数，$371 = 3^3 + 7^3 + 1^3$。

2. 分别用 if-else if 和 switch-case 结构，输出 0～100 指定成绩所属的等级。0～59：不及格；60～69：及格；70～79：中等；80～89：良好；90～100：优秀。

3. 计算并且输出 $1+3+5+7+9+\cdots+99$，即 100 之内所有奇数的和。

4. 计算 $8+88+888+8888+\cdots$ 的前 10 项之和。

5. 统计 1～100 能被 15 整除的数的个数，并输出这些数。

第 3 章 数   组

知识要点：

1. 数组概述

2. 一维数组

3. 多维数组

4. 不规则数组

学习目标：

通过本章的学习，要求读者掌握一维数组和多维数组的定义、初始化与使用，数组的内存分配方式，不规则数组的使用。

3.1 数 组 概 述

数组是一组具有相同类型或者类型兼容数据的集合，方便数据的管理和使用，是一种引用数据类型。

Java 语言中数组的使用非常灵活。按照所支持数据维度的不同，数组可以分为一维数组和多维数组。按照每一维数据的个数是否相同，数组可以分为规则数组和非规则数组（锯齿数组）。

在数组中有 5 个重要概念，分别是：

(1) 数组的名称(name)，又称为数组名，代表一个数组。

(2) 数组中的元素(element)，数组中的每一个数据，数据在数组中有序排列。

(3) 数组的类型(type)，数组中每个数据的类型，通常是相同的类型。

(4) 数组的索引(index)，访问数组中元素的序号，序号的索引位置从 0 开始。

(5) 数组的长度(length)，数组中的元素个数，通过数组名.length 获取。

例如，现实生活中，一个班级有几十位学生，班级就可以作为学生的数组，班级名作为数组的名称，而每位学生作为数组中的一个元素，为了更好地管理学生，通常给每位学生分配一个学号，作为数组的索引，通过学号可以快速地找到对应的学生，班级的总人数作为数组的长度。

3.2 一 维 数 组

3.2.1 一维数组的声明

类似于变量的声明，使用数组时，也要先声明数据类型和数组的名称。一维数组的声明格式如下：

```
数据类型[] 数组名;
```

一维数组

或者

```
数据类型 数组名[];
```

例如：声明整型一维数组 a 如下：

```
int[] a;
```

或者

```
`int a[];
```

注意：以上两种声明方式没有任何区别。一般推荐使用第一种方式声明数组。从声明中可知数组的名称是 a，数组中元素的类型是 int。

数组中可以存放声明中的数据类型或者比声明数据类型小的类型，但是在使用数组中的元素时，都以声明中的数据类型操作数据。例如，在本例中，int 类型或者比 int 类型小的数据类型数据（byte,short,char）可以放在该数组中，但是在使用时会自动转型成 int 类型后使用。

数组的维度可以简单理解为有几对中括号，例如：一维数组在声明的时候有一对中括号[]，二维数组在声明的时候有两对中括号[][]，以此类推。

声明数组时，不能指定数组的长度（即数组中元素的个数），下面的写法是错误的。

例如：

```
int[3] a;
```

或者

```
int a[3];
```

都是错误的

3.2.2 一维数组的创建

声明数组之后，数组中能存放多少个数据还不能确定，因为 Java 虚拟机（JVM）还没有为存储数组中的元素分配内存空间，根据数组内存空间分配的不同方式，可以分为静态创建方式和动态创建方式两种。

1. 一维数组静态创建方式

```
数组名={元素 1,元素 2,…,元素 n};
```

也可以在声明数组的同时创建数组。如下所示：

```
数据类型[] 数组名={元素 1,元素 2,…,元素 n};
数据类型 数组名[]={元素 1,元素 2,…,元素 n};
```

例如：

```
int[] a;
a=[10,20,30];
```

或者

```
int[] a={10,20,30};
```

2. 一维数组动态创建方式

数组名=new 数据类型[数组的长度];

也可以在声明数组的同时创建数组。如下所示：

数据类型[] 数组名=new 数据类型[数组的长度];
数据类型 数组名[]=new 数据类型[数组的长度];

例如：

```
int[] a;
a=new int[3];
```

或者

```
int a=new int[3];
```

注意：*关键字 new 是内存分配符，可以动态地为数组开辟存储空间。*

分配存储空间大小的公式是：存储数据的类型×数组的长度。例如，一个 int 类型数据占 4 字节空间，则前面创建的数组 a 占用 $4 \times 3 = 12$ 字节的空间。

3.2.3　一维数组的使用

1. 一维数组的使用

一维数组元素的访问格式如下：

数组名[索引]

注意：*索引是非负的整型常数或表达式，数组的索引从 0 开始，到数组的长度减 1 结束。如果索引小于 0 或者大于数组的长度减 1 时，则会出现运行时数组索引越界异常 ArrayIndexOutOfBoundsException。该索引也被称为元素在数组中的偏移位置。*

【例 3-1】　一维数组的创建和使用。

```
1  package javaoo;
2  public class Demo3_1 {
3      public static void main(String[] args) {
4          int[] a={10,20,30};
5          System.out.println(a[1]);//20
6          int[] b=new int[3];
7          b[0]=8;
8          System.out.println(b[0]);//8
9          System.out.println(b[1]);//0
10         System.out.println(b[5]);//ArrayIndexOutOfBoundsException
11     }
12 }
```

运行结果：见单行代码注释。

代码解释：

第4行静态方式创建数组 a，并存储 3 个 int 类型元素，分别是 10,20,30。

第5行索引是 1，表示要访问数组中的第 2 个元素，数组 a 中的第 2 个元素是 20。

第6行动态方式创建数组时，系统会默认给数组的所有元素按照数据类型赋初值。本例中数据类型是 int 类型，所以该数组中所有的元素初值默认为 0。动态创建数组时元素的默认初值见表 3-1。

表 3-1 动态创建数组时元素的默认初值

数 据 类 型	默 认 值	备 注
byte	0	
short	0	
char	'\u0000'	
int	0	
long	0	实际为 0L
float	0.0	实际为 0.0F
double	0.0	实际为 0.0D
boolean	false	
引用类型	null	

第7行为数组 b 中的第 1 个元素重新赋值。

第10行无法访问到索引为 5 的元素，出现数组索引越界异常。

2. 一维数组的遍历

一维数组的遍历，就是对一维数组中的所有元素按照相同的规律获取，常采用 for 循环方式，其中用"数组名.length"表示一维数组的长度。

【例 3-2】 一维数组的遍历。

```
1   package javaoo;
2   public class Demo3_2 {
3       public static void main(String[] args) {
4           int[] a={10,20,30};
5           //普通 for 循环语句的写法
6           for(int i=0;i<a.length;i++) {
7               System.out.print(a[i]+" ");
8           }
9           System.out.println();
10          //增强 for 循环语句的写法
11          for(int i:a) {
12              System.out.print(i+" ");
13          }
14      }
15  }
```

运行结果：

```
10 20 30
10 20 30
```

代码解释：

由于数组的索引从 0 开始，循环变量也是从 0 开始，所以可以利用循环变量 i 作为索引。

第 6 行中的条件判断，推荐使用"数组名.length"的形式，而不是固定一个数值，因为"数组名.length"的形式会随着数组中元素个数的改变而动态变化，使用起来比较灵活。

第 11 行是增强的 for 循环语句写法，可以简化 for 循环操作。

增强的 for 循环语句格式如下：

```
for(数据类型 变量:集合类型){
    循环体语句;
}
```

说明：集合类型可以是数组，或者是其他集合类型（如 ArrayList 等）。变量前的数据类型要和集合中元素的数据类型一致。例如，例中 a 为 int 类型的数组，所以第 11 行变量 i 前的数据类型也是 int 类型。

增强的 for 循环语句会自动从集合中按顺序 1 次取 1 个的方式，把集合中的元素赋值给变量，并且能够自动判断循环的结束条件是否满足。

3.2.4　一维数组的内存分配

1. JVM 的内部体系结构

Java 程序都是在 JVM 中运行，JVM 为了运行一个程序，需要在内存中存储很多数据，如字节码文件、方法的参数、返回值、创建的对象，以及运算的中间结果等。JVM 把这些数据放在"运行时数据区"中统一管理。JVM 的内部体系结构如图 3-1 所示。

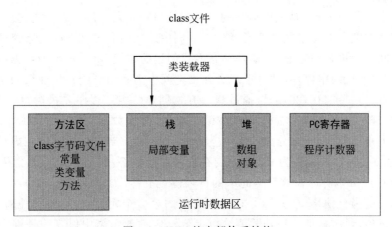

图 3-1　JVM 的内部体系结构

（1）方法区。

方法区中存储 class 字节码文件、常量、类变量、方法等。当 JVM 装载 class 字节码文件时,会从该文件中解析类型信息,并把 class 字节码文件以及类型信息存放在方法区中。

（2）栈。

栈是一种数据结构,其特点是"先进后出"或者"后进先出"。该结构类似于游戏手枪中的弹夹,最后压入弹夹的子弹会第一个发射出去,而第一颗压入的子弹,会最后一个发射出去。本书中的栈特指方法栈,当运行方法时,JVM 会开辟一个方法栈空间,用来存储该方法中局部变量的值。

（3）堆。

相对栈空间,系统为堆内存开辟的空间更大。在堆中主要存储引用类型数据,如数组或对象等。

（4）PC 寄存器。

PC 寄存器类似于程序计数器,是在多线程启动时创建的。

下面以例 3-1 为例,讲解一维数组的内存空间分配,如图 3-2 所示。

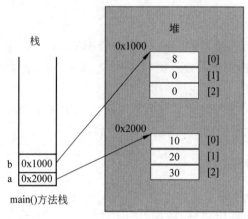

图 3-2　一维数组的内存空间分配示意图

解释说明:

第 3 行中,main()方法是程序运行的入口方法,JVM 为了运行该方法,会开辟一块方法栈空间。方法中定义的变量是局部变量(如,本例中的数组名 a 和 b),局部变量的值都保存在方法栈空间。无论是静态方式,还是动态方式创建的数组,由于数组中数据占用的空间比较大,都会放在堆空间中保存,并且系统会在堆空间中为数组分配一块连续的空间。

第 4 行 int[] a= {10,20,30},通过静态方式创建数组。程序先执行"="右边的代码,在堆内存中分配一块连续的空间,用来保存 3 个 int 类型数据的值,因为每个 int 类型的数据占 4 字节大小的空间,所以分配的连续空间大小是 12 字节。这块空间在内存中有一个首地址,如图 3-2 中假定首地址为 0x2000(内存地址由随机算法自动生成,通常用十六进制数表示),10、20、30 分别存储在这块空间中的特定位置上,因为 10 是数组中的第 1 个元素,所以它所在空间的内存偏移位置是 0,20 是数组中的第 2 个元素,内存偏移位置是 1,以此类推。"="为赋值运算符,把首地址赋值给数组名 a,因此数组名中保存的是堆内存中的一个地址,从而建立起栈内存与堆内存之间的联系。

第 5 行通过"数组名[索引]"的方式访问堆内存中的元素。

第 6 行 int[] b=new int[3],通过动态方式创建数组。动态方式创建类似于静态方式创建,不同点是动态创建数组中的元素,由系统按照数据类型赋默认初值,int 类型数据的默认值是 0。

第 7 行改变 b[0]的值是 8,其他数据的值仍然是默认值 0。

第 10 行访问 b[5],因为在堆空间中没有为这个元素分配空间,所以出现数组索引越界异常。

注意:掌握程序运行时的内存分配,对程序的理解大有益处。

2. 数组的复制

数组的复制按照分配内存空间的不同,可以分为浅拷贝和深拷贝。

(1)浅拷贝。

浅拷贝中多个数组名共用同一块堆内存空间。

【例 3-3】 一维数组的浅拷贝。

```
1   package javaoo;
2   public class Demo3_3 {
3       public static void main(String[] args) {
4           int[] a={10,20,30};
5           int[] b=a;
6           a[0]=88;
7           System.out.println(b[0]);//88
8       }
9   }
```

运行结果:

88

代码解释:

第 5 行数组名 a 中保存的堆内存首地址,赋值给了数组名 b,因此 a 和 b 指向的是同一块堆内存空间。

第 6 行修改 a[0]的值为 88,使用数组名 b 访问第 1 个元素时也是 88,如图 3-3 所示。

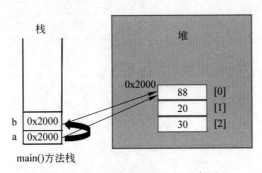

图 3-3 一维数组的浅拷贝示意图

(2)深拷贝。

深拷贝中每个数组在堆内存中有不同的空间。深拷贝的方式有很多种,这里只讲解

System.arraycopy()方法，其具体定义如下：

```
System.arraycopy(dataType[] srcArray, int srcIndex, dataType[] destArray, int destIndex, int length)
```

说明：srcArray 表示原数组，srcIndex 表示原数组中的起始索引位置，destArray 表示目标数组，destIndex 表示目标数组中的起始索引位置，length 表示复制的数组长度。使用此方法复制数组时，length ＋ srcIndex 必须小于或等于 srcArray.length，同时 length ＋ destIndex 必须小于或等于 destArray.length。

【例 3-4】 一维数组的深拷贝。

```
1   package javaoo;
2   public class Demo3_4 {
3       public static void main(String[] args) {
4           int[] a={10,20,30};
5           int[] b=new int[3];
6           System.arraycopy(a, 0, b, 0, a.length);
7           a[0]=88;
8           System.out.println(b[0]);
9       }
10  }
```

运行结果：

10

代码解释：

第 5 行动态方式创建数组 b，数组中的所有元素都是默认值 0。

第 6 行通过 System.arraycopy()方法，把数组 a 中的数据拷贝到数组 b 中对应的位置，即数组 b 中的元素分别是 10，20，30。

第 7 行只是修改数组 a[0]的值，数组 b[0]的值不变，如图 3-4 所示。

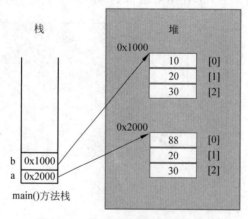

图 3-4 一维数组的深拷贝示意图

课堂练习1

1. 下列一维数组的声明中错误的是(　　)。

    A. int[] a   B. boolean a[]

    C. double a[2]   D. float[] d

2. 数组定义的代码如 double a[] = new double[2];下列选项中错误的是(　　)。

    A. 该一维数组的长度是 3

    B. 该数组中的元素默认为 0.0

    C. a[1] = 3.0

    D. a[0] = 1.0

3. 下列选项中正确的是(　　)。

```java
public class ArrayTest {
    public static void main(String[] args) {
        int f1[] =new int[5];
        int f2[] ={ 1, 2, 3, 4 };
        f1 =f2;
        System.out.println("f1[2] =" +f1[2]);
    }
}
```

    A. f1[2] = 0   B. f1[2] = 3

    C. 编译错误   D. 运行无结果

4. 下列程序的运行结果是(　　)。

```java
int index =2;
boolean[] test =new boolean[4];
boolean foo =test[index];
System.out.println("foo =" +foo);
```

    A. foo = 0;   B. foo = null;

    C. foo = true;   D. foo = false;

3.3　多维数组

多维数组

  二维及以上维数组称为多维数组。在通常的编程中,二维数组使用得最频繁,因此以二维数组为例学习多维数组,其他多维数组的操作和二维数组类似。

  二维数组和一维数组的使用基本一致,也有声明、创建、初始化和访问几个步骤。二维数组是一种特殊的一维数组,该一维数组的每个元素又是一维数组。因此,二维数组又称为数组的数组。

3.3.1　多维数组的声明

  二维数组的声明格式如下:

数据类型 [ ] [ ] 数组名;

或者

数据类型 数组名 [ ] [ ];

或者

数据类型 [ ] 数组名 [ ];

例如：声明整型二维数组 a 如下：

```
int[][] a;
```

或者

```
int a[][];
```

或者

```
int[] a[];
```

注意：以上 3 种声明方式没有任何区别。推荐使用第 1 种方式声明二维数组，对第 3 种方式只做了解。从声明中可以知道二维数组的名称为 a，数据类型是 int。

声明二维数组时，不能指定数组的长度。下面的写法是错误的。

例如：

```
int[2][3] a;
```

或者

```
int a[2][3];
```

或者

```
int[2] a[3];
```

3.3.2　多维数组的创建

多维数组的创建分为静态创建方式和动态创建方式两种。

1. 二维数组的静态创建方式

数组名 = {{元素 1}, {元素 2}, …, {元素 n}};

说明：元素 1，元素 2，…，元素 n 都是一维数组。

也可以在声明数组的同时创建数组，如下所示。

数据类型 [ ] [ ] 数组名 = {{元素 1}, {元素 2}, …, {元素 n}};
数据类型 数组名 [ ] [ ] = {{元素 1}, {元素 2}, …, {元素 n}};
数据类型 [ ] 数组名 [ ] = {{元素 1}, {元素 2}, …, {元素 n}};

例如：

```
int[][] a;
```

```
a=[[1,2,3],[10,20,30]];
```

或者

```
int[][] a=[[1,2,3],[10,20,30]];
```

2. 二维数组的动态创建方式

数组名=new 数据类型[一维长度][二维长度];

也可以在声明数组的同时创建数组,如下所示。

数据类型[][] 数组名=new 数据类型[一维长度][二维长度];
数据类型 数组名[][]=new 数据类型[一维长度][二维长度];
数据类型[] 数组名[]=new 数据类型[一维长度][二维长度];

例如:

```
int[][] a;
a=new int[2][3];
```

或者

```
int a=new int[2][3];
```

注意:该二维数组在内存中的存储空间大小等于"数据类型×一维长度×二维长度"。例如,int 类型数据占 4 字节空间,则数组 a 占 $4×2×3=24$ 字节的空间。

3.3.3　多维数组的使用

1. 二维数组的使用

访问二维数组中的元素格式如下:

数组名[索引 1][索引 2];

说明:索引 1 和索引 2 都是非负的整型常数或表达式,索引值从 0 开始,到对应维度的长度减 1 为止。如果索引小于 0 或者大于对应维度的长度减 1 时,则会出现数组索引越界异常 ArrayIndexOutOfBoundsException。

【例 3-5】 二维数组的创建和使用。

```
1   package javaoo;
2   public class Demo3_5 {
3       public static void main(String[] args) {
4           int[][] a={{1,2,3},{10,20,30}};
5           System.out.println(a[1][2]);//30
6           int[][] b=new int[2][3];
7           b[0][0]=8;
8           System.out.println(b[0][0]);//8
9           System.out.println(b[1][2]);//0
10          System.out.println(b[0][5]);//ArrayIndexOutOfBoundsException
11      }
```

```
12    }
```

运行结果：见单行代码注释。

代码解释：

第 5 行 a[1][2]表示访问二维数组中第 2 个一维数组中的第 3 个元素。a[1]是{10,20，30},是一维数组,它的第 3 个元素是 30。

第 6 行动态方式创建数组时,系统会默认给数组的所有元素按照数据类型赋初值。因为本例中数据类型是 int 类型,所以该数组中所有的元素初值默认是 0。

第 7 行给二维数组 b 中的第 1 个一维数组中的第 1 个元素赋值 8。

第 10 行 b[0]中没有第 6 个元素,所以运行时出现异常。

2. 二维数组的遍历

二维数组的遍历是按照相同规律对数组中所有元素进行获取的过程,常采用 for 循环方式。注意以下两个区别：

数组名.length 表示二维数组中的元素个数,即一维数组的个数。

数组名[索引].length 表示二维数组中索引值所对应的一维数组的长度。

【例 3-6】 二维数组的遍历。

```
1   package javaoo;
2   public class Demo3_6 {
3       public static void main(String[] args) {
4           int[][] a={{1,2,3},{10,20,30}};
5           //普通 for 循环语句的写法
6           for(int i=0;i<a.length;i++) {
7               for(int j=0;j<a[i].length;j++) {
8                   System.out.print(a[i][j]+" ");
9               }
10              System.out.println();
11          }
12          //增强 for 循环语句的写法
13          for(int[] i:a) {
14              for(int j:i) {
15                  System.out.print(j+" ");
16              }
17              System.out.println();
18          }
19      }
20  }
```

运行结果：

```
1 2 3
10 20 30
1 2 3
10 20 30
```

代码解释：

第 6 行 a.length 表示二维数组的长度，值是 2,a[0] 表示{1,2,3},因此 a[0].length 的值是 3,a[1] 表示{10,20,30},a[1].length 的值也是 3。a[0][0] 表示{1,2,3}中的第 1 个元素值 1,类似地,a[1][2] 表示{10,20,30}中的第 3 个元素值 30。

第 13~18 行为二维数组增强的 for 循环写法,因为二维数组中的每个元素都是一维数组,所以第 13 行冒号前用 int[] i,又因为 i 为一维数组,它的每个元素都是 1 个 int 值,所以第 14 行冒号前用 int j。

注意:对动态方式创建数组的遍历方式同本例。

3.3.4 多维数组的内存分配

二维数组在内存分配时,也涉及栈内存和堆内存,但是内存分配的情况较一维数组更复杂。下面以例 3-5 为例,讲解二维数组的内存空间分配,如图 3-5 所示。

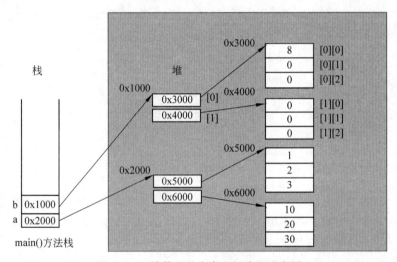

图 3-5　二维数组的内存空间分配示意图

解释说明：

系统在堆内存分配时,为二维数组中不同维度的数据开辟多块内存空间。因为二维数组中每个元素都是一维数组,所以分配的第一块空间用来保存一维数组的名字,而一维数组的名字对应的是内存中的 1 个地址,第二块空间用来保存数组中的数据。

内存地址用十六进制的整数表示,格式是"数组类型@内存地址",图 3-5 中给出的是简略写法。

输出 a,得到如"[[I@2f92e0f4"的结果(实际情况下,会有不同)。"[["表示 a 是二维数组,"I"表示数据类型是整型,"@"后的数据是十六进制数,"f"表示十六进制中的 15,"a"表示 10,"b"表示 11,以此类推。

输出 a[0],得到如"[I@28a418fc"的结果。"["表示 a[0]是一维数组,"I"表示数据类型是整型。

课堂练习 2

1. 下列二维数组的创建，错误的是( )。
   A. double[][] a = new double[][];
   B. int a[][] = new int[3][];
   C. int a[][] = { { 1, 2 }, { 3, 4 } };
   D. int[][] a = new int[3][4];
2. 下面能引起编译器错误的语句是( )。
   A. int[] a = { 1, 2, 3, 4 };
   B. int a[][] = { 1, 2 }, { 3, 4 };
   C. int a[] = new int[4];
   D. String a[] = { "1", "2", "3" };
3. 下列数组初始化形式正确的是( )。
   A. int t1[][] = { { 1, 2 },{ 3, 4 },{ 5, 6 } };
   B. int t2[][] = { 1, 2, 3, 4, 5, 6 };
   C. int t3[3][2] = { 1, 2, 3, 4, 5, 6 };
   D. int t4[][]; t4 = { 1, 2, 3, 4, 5, 6 };

3.4 不规则数组

不规则数组

在定义二维数组的时候，组成二维数组的各个一维数组的长度相同，该数组称为规则数组。如果组成二维数组的一维数组的长度不同，则称之为不规则数组(或锯齿数组)，其他多维数组中出现的不规则数组与二维数组的定义类似。

【例 3-7】 不规则二维数组的使用。

```
1   package javaoo;
2   public class Demo3_7 {
3       public static void main(String[] args) {
4           int[][] a={{1},{2,3},{10,20,30}};
5           int[][] b=new int[3][];
6               b[0]=new int[1];
7               b[1]=new int[2];
8               b[2]=new int[3];
9               a[0][0]=66;
10              b[2][1]=88;
11              for(int i=0;i<a.length;i++) {
12                  for(int j=0;j<a[i].length;j++) {
13                      System.out.print(a[i][j]+" ");
14                  }
15                  System.out.println();
16              }
```

```
17              for(int[] i:b) {
18                  for(int j:i) {
19                      System.out.print(j+" ");
20                  }
21                  System.out.println();
22              }
23          }
24      }
```

运行结果：

```
66
2 3
10 20 30
0
0 0
0 88 0
```

代码解释：

第 4 行静态方式创建不规则数组 int[][] a= {{1},{2,3},{10,20,30}};

二维数组 a 有 3 个元素，分别是一维数组 a[0]是{1}，a[1]是{2,3}，a[2]是{10,20,30}，3 个一维数组的长度不相同。

第 5 行动态方式创建不规则数组，表示该二维数组中可以包含 3 个一维数组，并且只为存储这 3 个一维数组名分配了空间，默认空间里保存的值都是 null。

第 6~8 行在堆内存中二次分配内存空间，分别为 3 个一维数组分配了 4 字节、8 字节及 12 字节的空间。由于是动态方式创建，因此会按照数据类型 int 赋初值 0。

第 9~10 行修改二维数组中元素的值。

第 11~16 行使用普通 for 循环输出二维数组 a 的所有元素。

第 17~22 行使用增强 for 循环输出二维数组 b 的所有元素。

注意：静态方式创建数组会一次性为所有元素分配内存空间，而动态方式创建数组时，会多次分配内存空间。

例 3-7 不规则二维数组的内存空间分配如图 3-6 所示。

【例 3-8】 编程实现杨辉三角形，输出效果如下所示。

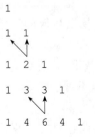

```
1
1 1
1 2 1
1 3 3 1
1 4 6 4 1
```

提示：假设 i 表示行，j 表示列，该三角形腰上的数都是 1，其他位置的数值等于其上一行相邻两个数之和，公式为：a[i][j]＝a[i−1][j−1]＋a[i−1][j]。

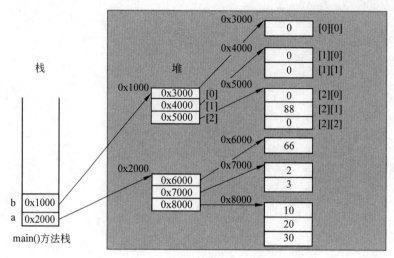

图 3-6　不规则二维数组的内存空间分配示意图

```
1   package javaoo;
2   public class Demo3_8 {
3       public static void main(String[] args) {
4           int a[][] = new int[5][];
5           for (int i = 0; i < a.length; i++) {
6               a[i] = new int[i + 1];
7               for (int j = 0; j < a[i].length; j++) {
8                   if (j == 0 || i == j) {
9                       a[i][j] = 1;
10                  } else {
11                      a[i][j] = a[i - 1][j - 1] + a[i - 1][j];
12                  }
13                  System.out.print(a[i][j] + "  ");
14              }
15              System.out.println();
16          }
17      }
18  }
```

代码解释:

第 4 行 int a[][] = new int[5][];使用动态方式创建由 5 个一维数组组成的二维数组。用每个一维数组保存三角形的一行数据,但是每个一维数据的组成情况目前未知。

第 6 行 a[i] = new int[i + 1];通过循环变量 i 创建不同长度的一维数组,分别是 a[0] = new int[1],a[1] = new int[2],…,a[4] = new int[5],这时该二维数组是不规则数组。不规则二维数组的使用是为了更节省内存空间的消耗。

假设第 4 行使用 int a[][] = new int[5][5]创建规则二维数组时,保存所有数据需要 4×5×5=100 字节空间,而不规则数组只需要 4×1+4×2+4×3+4×4+4×5=60 字节空间,节省了 40%的内存空间。

第 8 行判断数组中的元素是否在三角形的腰上,条件为 j == 0 或 i == j,其他元素的赋值都满足公式 a[i][j] = a[i-1][j-1] + a[i-1][j]。

本 章 小 结

本章主要讲述了数组的基本概念;一维数组和二维数组的声明、创建、使用,其中需要重点掌握数组静态创建方式和动态创建方式的区别;结合内存分配图,方便读者更好地了解数组内部的运行原理,因为数组是一种引用类型,所以对后续章节中对象的内存分配理解有指导作用。本章最后讲解了不规则数组的声明、创建、使用。不规则数组满足"按需分配"的要求,能更好地节省内存空间。

习 题 3

一、单选题

1. 下列程序的运行结果是(　　)。

```
public class Test {
    public static void main(String args[]) {
        String foo = "blue";
        boolean[] bar = new boolean[1];
        if (bar[0]) {
            foo = "green";
        }
        System.out.println("foo =" + foo);
    }
}
```

    A. foo =　　　　　B. foo = blue　　　　C. foo = null　　　　D. foo = green

2. 下列程序的运行结果是(　　)。

```
public class Test {
    public static void main(String args[]) {
        int index = 1;
        int[] foo = new int[3];
        int bar = foo[index];
        int baz = bar + index;
        System.out.println(" baz =" + baz);
    }
}
```

    A. baz = 0　　　　　B. baz = 1　　　　C. baz = 2　　　　D. 编译错误

3. 下列程序的运行结果是(　　)。

```
int index;
char[] array = {'x', 'y', 'z'};
```

```
System.out.println(array[index]);
```

    A. x   B. y

    C. z   D. 编译错误

4. 下列二维数组的声明中,错误的是(　　)。

    A. int a[][];   B. int[][] a;

    C. int[] a[];   D. int a[5][6];

5. 下列二维数组的创建中,错误的是(　　)。

    A. int a[][]＝new int[3][];   B. int[][] a＝new int[3][4];

    C. int a[][]＝new int[1][4];   D. int [][] a＝new int[][];

二、简答题

1. 简述数组中的 5 个重要概念。

2. 简述创建一维数组的两种方式。

3. 简述栈内存和堆内存的区别。

4. 如何遍历二维数组?

5. 简述不规则数组和规则数组的区别。

三、编程题

1. 正序和倒序输出如下数组。

```
a[]= {1,2,3,4,5}
```

2. 找出如下数组中的最大元素和最小元素。

```
a[][]={ {3,2,6}, {6,8,2,10}, {5}, {12,3,23} }
```

3. 编写主类,在主方法中定义大小为 10×10 的二维字符型数组,数组名为 y,正反对角线上存的是'＊',其余位置存的是'＃';请输出这个数组中的所有元素。

4. 编写类,在主方法中定义大小为 50 的一维整型数组,数组中存放{1, 3, 5, …, 99},输出这个数组中的所有元素,每输出 10 个数换行,相邻元素之间用空格隔开。

第4章 类与对象

知识要点：

1. 面向对象程序设计概述
2. 类
3. 对象
4. 变量
5. 方法
6. 匿名代码块

学习目标：

通过本章的学习，要求读者理解面向对象程序设计技术，掌握类的定义与创建；掌握对象的概念与创建，理解并掌握类与对象之间的关系；掌握构造方法的定义和使用，以及对象的内存分配；了解变量的种类及不同变量之间的区别；掌握实例方法与类方法的区别和应用；理解 this 的用法；掌握方法传值和传地址的区别；掌握方法重载的概念和使用；了解匿名块的使用。

4.1 面向对象程序设计概述

面向对象
程序设计
概述

面向对象程序设计(Object Oriented Programming，OOP)是一种计算机编程架构。从 20 世纪 90 年代开始，OOP 逐渐成为主流的编程思想。相对于面向过程语言(以 C 语言为代表)，它的抽象程度更高，更接近人类的思维方式。它使软件的开发方法与过程尽可能接近人类认识世界、解决现实问题的方法和过程，即使描述问题的问题空间与问题的解决方案空间在结构上尽可能一致，把客观世界中的实体抽象为问题域中的对象。

面向对象程序设计以对象为核心，认为程序由一系列对象组成，万事万物皆对象(Everything is Object)。类是对现实世界的抽象，类中包括表示该类事物静态特征的数据和对数据的操作，对象是类的实例化。对象之间通过消息传递信息。

面向对象程序设计是一种较为先进的程序设计思想，初学起来比较抽象，需要读者慢慢学习体会。学习需要由浅入深，由表及里，随着编程经验的不断丰富，对面向对象的理解也会有所不同，经过不断地修炼"内功"，最后才能融会贯通，以无招胜有招。

学习面向对象编程，要充分理解、掌握面向对象程序设计的两个重要概念：类与对象；牢牢抓住面向对象程序设计的三大特征：封装性、继承性和多态性。

1. 封装性

从字面上理解封装性，可以简单地认为"封装＝封闭＋包装"。在现实世界里，每种事物都体现出封装的特性。以人为例，它首先是 1 个封闭系统，身体里有五脏六腑，有肌肉，有血液支撑着人作为生命体的存在，皮肤作为包装这些事物的介质出现。人可以通过呼吸、吃饭和睡觉，让内部的系统很好地运转起来，从而形成思想，完成各种复杂的行为。汽车也体现了封装的特性,汽车内部由上万乃至几十万个零部件组成,人们平时无法看见所有的零件,也不知道汽车内部每个零件是如何运转的,能看到的只是车身(类似皮肤的作用)、方向盘、油门和刹车等,但是驾驶人员却可以通过简单的操作(如踩油门加速,转方向盘控制方向)让汽车运转起来。

面向对象程序设计中封装性有两种表现形式:一种是类本身,类中封装了同一类事物所具有的特征(属性)和行为(方法);另一种是通过访问权限修饰符,控制类中的成员是否可以被访问(可见性)。

2. 继承性

当提起继承,很多读者认为是"子承父业"中的"继承"职业,或者血缘关系的"血脉传承"。面向对象程序设计中的继承是一种程序块之间的代码重用关系。在设计思想上借鉴以上两种"继承",但并不完全一样。

面向对象程序设计中,子类可以继承父类(超类)的属性和行为,同时子类也可以新增自己独有的属性和行为。就像子女可以继承父母的财富,同时又可以通过辛勤的劳动增加自己的财富。

Java 语言中的继承是单继承关系。Object 类是继承关系中的根类,它没有父类,除此之外,其他每个类只可以有一个父类,就像孩子只能有一个亲生父亲一样。继承性可以简化面向对象编程的复杂性。

3. 多态性

多态性是指相同的行为(方法),在特定情况下会产生不同形态的结果。就像猫和狗都能"叫",但是猫"叫"的结果是猫语"喵喵",而狗"叫"的结果是狗语"旺旺",这就是"叫"行为的多态。

在面向对象程序设计中,多态是指在一个类或具有继承关系的类里定义的同名方法在特定情况下会产生不同的结果。多态有两种形式,分别是静态多态和动态多态。

静态多态和方法重载有关,是程序编译阶段形成的多态,即在一个类中或者具有继承关系的父子类中有多个具有相同名字的方法,由于接收的参数类型不同,而产生不同的行为结果。例如,有两个同名的方法都可以计算两个数的和,假设一个方法接收的整型参数计算的结果是整数,而另外一个方法接收的浮点型参数计算的结果为浮点数。

动态多态和方法重写有关,是运行阶段形成的多态,即在继承关系中,同一个方法被不同类型对象调用时,会产生不同的行为。例如,黑白打印机(子类)和彩色打印机(子类)都是打印机(父类),都具有打印的功能。当黑白打印机执行打印功能时,得到黑白色的纸张内容,而彩色打印机执行打印功能时,得到的是彩色的纸张内容。前例中"叫"的多态就是一种动态多态。

Java 语言是面向对象程序设计语言的代表,它也具有封装性、继承性和多态性。在理解三大特性时,不可避免地涉及一个非常重要的概念,那就是"类"。类实际上就是"类型",创建类就是在创建一种新的类型。Java 语言之所以具有强大的生命力,和它具有不断创建类型和完善类型的特性息息相关。

4.2 类

类

类是组成 Java 程序的基本要素,对应现实世界中的"类型"。现实世界由各种各样的类型事物所组成。例如,人类社会由人组成,还包含汽车、学校、商场、猫、狗等不同种类的事物。一类事物和另外一类事物之间总有本质的区别,人类具有的最特殊的抽象能力就是分类。把现实世界中"鲜活"的事物用计算机的语言描述,这就是类产生的初衷。

如何描述一类事物呢?研究发现,一类事物通常可以从两个部分进行描述,即事物的基本特征和行为特征。例如人类,名字、身高、年龄都是人的基本特征,而说话、学习、运动属于人的行为特征。类就是用来描述一类事物共同拥有的基本特征(属性)和行为特征(方法)的复合体。类也被称为产生具体该类事物(实例或对象)的模板。

类的定义包括两部分:类的声明和类体,基本格式如下:

```
[修饰符] class  类名{
    类体
}
```

说明:

① 修饰符,使用最多的是访问权限修饰符。访问权限修饰符有两种——public 和默认,用来控制如何访问类。在 Eclipse 中创建类时,通常选择 public 修饰符,表示该类是公有类。公有类的访问不受限制。

② class 是关键字,全小写,用来定义类。

③ "class 类名"是类的声明部分,类名必须是合法的标识符,通常用一类事物的英文名称表示,如 Car、Person 等,首字母要大写。

④ 两个大括号以及之间的代码称为类体。在类体中定义该类的成员,包括属性和方法两部分内容,也可以只有其中一部分或者类体为空。

4.2.1　属性概述

属性(成员变量)用来描述同一类事物的基本特征,其定义如下:

```
[修饰符] 数据类型 属性名;
```

例如:

```
private int age;
```

说明:

① 修饰符,可以是访问权限修饰符 public、protected、默认和 private,或类修饰符 static,或最终修饰符 final 等。static 修饰的属性被称为类属性,非 static 修饰的属性被称为实例属性。

② 本例中,private 表示私有的访问权限修饰符,表示 age 属性只可以在自己的类中访问。

③ 数据类型,可以是基本数据类型,也可以是引用数据类型。

④ 属性名,要求符合标识符的定义,最好全小写。

4.2.2　方法概述

1. 方法的声明

方法用来描述同一类事物的行为特性,其定义由两部分组成:方法声明和方法体。

```
[修饰符] 返回数据类型 方法名([参数列表]){
    方法体
    [return 语句]
}
```

例如方法 1：

```
public int add(int a,int b) {
    return a+b;
}
```

或者方法 2：

```
public void add(int a,int b) {
    System.out.println(a+b);
}
```

说明：

① 修饰符，可以是访问权限修饰符，或类修饰符 static，或最终修饰符 final 等。

② 返回数据类型。如果方法体中有 return 语句，则方法的返回数据类型与 return 返回的数据类型相同；如果方法体中没有 return 语句，则方法的返回数据类型用 void 替代。

③ 方法名，要求符合标识符的定义，推荐使用"驼峰式"编码规则，即首字母小写，后续碰到新单词时，新单词首字母大写，如 getName()、setAge() 等。

④ 参数列表，是可选项。如果括号中为空，则该方法称为无参方法；有参数列表时，该方法称为有参方法。有参方法满足以下格式：

(参数类型 1 参数名 1, 参数类型 2 参数名 2,…, 参数类型 n 参数名 n)

参数列表中的参数叫作形参，参数类型和参数名称之间需要有空格，参数和参数之间用逗号"，"分隔。

2. 方法的调用

方法要先声明，后调用。方法通过方法名和参数列表调用。

例如方法 1 中：

```
int i=add(2,3);
```

按照参数的位置，数值 2 赋值给参数 a，数值 3 赋值给参数 b。因为方法 1 有返回结果，所以可以用变量接收方法返回的结果。参数调用时传递给形参的参数叫作实参。

例如方法 2 中：

```
add(2,3);
```

同样按照参数的位置传递参数。因为方法 2 没有返回结果，所以不能用变量接收或者执行输出操作，否则会出现编译错误。

4.2.3　创建类

对现实世界中的人进行分析，会发现不同的人具有许多相同的基本特征。例如，人都有名字、年龄、身高等;同时,人还具有很多行为特征,如说话、走路等。用 Java 语言创建人类的代码如下例所示。

【例 4-1】 创建人类。

```
1   public class Person {
2       String name;
3       int age;
4       double height;
5
6       public void say() {
7           System.out.println("Hello" +name);
8       }
9
10      public void walk() {
11          System.out.println("walk");
12      }
13  }
```

代码解释:

第 1 行声明公有类 Person。

第 2~4 行定义属性名字、年龄、身高。根据实际中的数据情况定义数据类型,如人的名字由多个字母组成,因此选择数据类型 String。String 是一种引用类型,首字母"S"必须大写;而年龄是整数,选择 int 整型;身高有小数部分,选择 double 类型。

第 6~12 行定义了人类的两种行为,分别用方法 say() 和 walk() 表示。

4.2.4 类图

统一建模语言(Unified Modeling Language,UML)是为面向对象软件产品进行说明、可视化和编制文档的一种标准语言,它是面向对象设计的建模工具,独立于具体的程序设计语言。

UML 采用一组图形符号描述软件模型,这些图形符号具有简单、直观和规范的特点,开发人员比较容易掌握。类图是 UML 中的一种功能图,对类图的掌握可以快速了解类的组成,以及类之间的关系、类和接口之间的关系、接口和接口之间的关系等。

例 4-1 中 UML 所绘制的类图如图 4-1 所示。

说明:类图中通常由 3 部分组成,分别用实心横线分隔。第一部分是类名,第二部分是成员变量的定义,第三部分是方法的定义。本书中的类图使用 startUML 工具绘制。startUML 的官方网址为 https://staruml.io/。

成员变量和方法定义前的特殊符号是访问权限修饰符。特殊符号和访问权限修饰符的对应关系如图 4-2 所示。

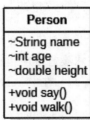

图 4-1 类图

图 4-2 特殊符号和访问权限修饰符的对应关系

4.3 对　　象

创建人类（Person）后，如何在计算机中表示人类的 1 个具体实例（对象），如张三或者李四呢？创建对象的过程类似于神话故事"女娲造人"，女娲首先有个概念（类），接着还需要具体的泥土、水混合之后才能造人（对象）。人类只是个概念，它不具体地代表某个人，而是所有人的总称。名字、年龄等属性，只在人类的具体实例中才可以拥有具体的值。综上所述，类是个抽象的概念，对象却是具体的。类是创建对象的模板。

4.3.1　对象的创建

必须先创建类，才可以用类作为模板创建对象。常用的创建对象的语法如下。

类名 对象名=new 构造方法([参数列表]);

创建 Person 对象 p 如图 4-3 所示。

说明：

① 类名，也称类型名，即创建的 Person 类。

② 对象名，也称变量名，是一种引用类型。

③ new 运算符是内存分配符，系统为保存对象的属性值分配内存空间。

④ 构造方法和类名完全相同，参数列表可以有，也可以没有，如果构造方法中没有参数列表，则被称为空构造方法（或默认构造方法）。

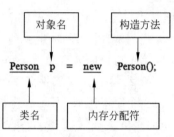

图 4-3　创建 Person 对象 P

4.3.2　对象的使用

创建对象后，可以使用该对象名调用属性和方法，具体语法如下：

对象名.属性 或者 对象名.方法()

在使用类创建对象以及使用对象时，有两种编写代码的方式。

1. 在本类方法中创建对象并使用

【例 4-2】　在 Person 类的方法中创建对象。

```
1   public class Person {
2       String name;
3       int age;
4       double height;
5
6       public void say() {
7           System.out.println("Hello" +name);
8       }
9
10      public void walk() {
11          System.out.println("walk");
```

```
12        }
13
14      public static void main(String[] args) {
15          Person p1 =new Person();
16          p1.name ="zhangsan";
17          p1.age =18;
18          p1.height =1.73;
19          Person p2 =new Person();
20          p2.name ="lisi";
21          p2.age =20;
22          p2.height =1.84;
23          p1.say();
24          p2.say();
25      }
26  }
```

运行结果：

```
Hello zhangsan
Hello lisi
```

代码说明：

第 15 行使用 Person 类创建对象 p1。

第 16～18 行使用"对象名.属性"的方式给对象 p1 的 3 个属性分别赋值。

第 19 行使用 Person 类创建对象 p2。

第 20～22 行给对象 p2 的 3 个属性分别赋值。

第 23、24 行使用"对象名.方法()"的方式，通过对象 p1 和 p2 调用 say()方法。

2. 在其他类方法中创建对象并使用

通常使用测试类 Test 验证另外类的定义和使用是否正确。

【例 4-3】 在 Test 类的 main()方法中调用 Person 类创建对象。

Person 类

```
1  public class Person {
2      String name;
3      int age;
4      double height;
5      public void say() {
6          System.out.println("Hello" +name);
7      }
8      public void walk() {
9          System.out.println("walk");
10      }
11  }
```

Test 类

```
1  public class Test {
2      public static void main(String[] args) {
3          Person p1 = new Person();
4          p1.name = "zhangsan";
5          p1.age = 18;
6          p1.height = 1.73;
7          Person p2 = new Person();
8          p2.name = "lisi";
9          p2.age = 20;
10         p2.height = 1.84;
11         p1.say();
12         p2.say();
13     }
14 }
```

说明：

① 例 4-2 和例 4-3 这两种使用方式都正确，从分工合理性的角度，推荐使用例 4-3 的写法。Person 类用来描述人类的信息，而 Test 类用来测试该类的定义和使用是否正确。

② 特殊用法：匿名对象是没有对象名的对象，只能在创建时使用一次，使用后立刻消亡。

```
new 构造方法([参数列表]).方法名();
```

或者

```
new 构造方法([参数列表]).属性;
```

4.3.3　构造方法

每个类中都有构造方法。构造方法的作用有两个，分别是创建对象，以及对属性的值初始化。对属性的值初始化时，依然由属性的类型决定，例如，属性 age 是 int 类型，则默认的初始化值是 0。

构造方法有以下 4 个基本特征。

① 构造方法的访问权限默认和类的访问权限相同。例如，类的访问权限是 public，则默认构造方法的访问权限也是 public。编程人员也可以自行指定。

② 构造方法没有返回类型，也不使用 void 关键字标识。

③ 构造方法名必须和类名完全一致。

④ 构造方法通常由内存分配符(new)调用，用来创建对象。

构造方法常见的两种错误写法如下（以 Person 类为例）。

① `public void Person(){}`

解释：程序可以正常运行，但这个方法不是构造方法，而是个普通方法。

② `public person(){}`

解释：程序会出现编译错误，因为这个方法既不是构造方法，也不是普通方法。

思考1：例4-3没有定义构造方法，为什么可以创建对象？

解释：每个类中都有构造方法。系统在编译源文件时，如果编译器发现某个类没有构造方法时，编译器会自动给该类增加一个空构造方法。

例4-3编译器默认增加的空构造方法是：public Person(){}，其中"{}"不能省略，其表示方法体中的内容为空。

思考2：关于例4-3，如果编程人员在Person类中定义了构造方法，如例4-4所示，则结果会如何？

【例4-4】 Person类中有自定义的构造方法。

Person类

```
1   public class Person {
2       String name;
3       int age;
4       double height;
5       public Person(String n,int a,double h) {
6           name=n;
7           age=a;
8           height=h;
9       }
10      public void say() {
11          System.out.println("Hello" +name);
12      }
13      public void walk() {
14          System.out.println("walk");
15      }
16  }
```

代码解释：

第5~9行编程人员自定义有3个参数的构造方法，分别给name、age、height 3个属性赋值。

当增加自定义的构造方法后，Test类中的 Person p1 ＝ new Person();就会出现编译错误，系统提示的错误信息是"构造方法 Person()未定义"。

解释：当编译器检测类中有构造方法时，就不再为该类提供空构造方法。

思考3：如何让Test类正常运行？

解释：可以通过以下两种方式。

① 在Person类中增加一个空构造方法。

② 在Test类中使用3个参数的构造方法创建对象，如例4-5所示。

【例4-5】 多个构造方法的Person类和改进的Test类。

Person类

```
1   public class Person {
2       String name;
3       int age;
4       double height;
5       public Person() {}
6       public Person(String n,int a,double h) {
```

```
 7            name=n;
 8            age=a;
 9            height=h;
10       }
11       public void say() {
12            System.out.println("Hello" +name);
13       }
14       public void walk() {
15            System.out.println("walk");
16       }
17  }
```

Test 类

```
 1  public class Test {
 2      public static void main(String[] args) {
 3          Person p1 =new Person();
 4          p1.name ="zhangsan";
 5          p1.age =18;
 6          p1.height =1.73;
 7          Person p2 =new Person("lisi",20,1.84);
 8          p1.say();
 9          p2.say();
10      }
11  }
```

代码解释：

Person 类中有两个构造方法，第 5 行是空构造方法，第 6～10 行是有 3 个参数的构造方法。

类中定义了多个构造方法，当参数列表不同（参数类型或参数个数或参数位置不同）时，被称为构造方法重载。静态多态和方法重载有关。

Test 类中的第 3 行调用 Person 类中的空构造方法创建对象，第 7 行调用 Person 类中有 3 个参数的构造方法创建对象。

结论：构造方法决定如何创建对象。有几种构造方法，就可以通过几种方式创建对象。

4.3.4 对象的内存分配

如何为创建的对象分配内存空间？系统为对象内存空间的分配方式和数组类似（都是引用类型），也分为栈内存和堆内存两部分。栈内存用来保存对象名，即该对象在堆内存中分配空间的首地址。堆内存用来保存该对象的属性，即存储对象的堆内存空间分配大小，主要由实例属性的类型决定。

下面以例 4-5 为例，讲解创建 Person 对象的过程中内存空间的分配过程。

① 首先，两个类编译后的字节码文件会在内存中的方法区缓存。

② 接着，执行 Test 类中的 main()方法，产生 main()方法栈。

③ 按照顺序执行代码，运行 Person p1 ＝ new Person();使用空构造方法创建对象，以及对象的属性，系统按类型赋默认的初值，如图 4-4 所示。

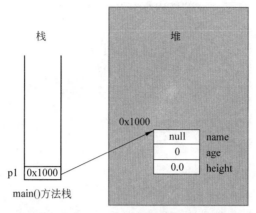

图 4-4　使用空构造方法创建对象示意图

④ 第 4～6 行重新用"对象名.属性"的方式给属性赋值。赋值后的内存分配示意图如图 4-5 所示。

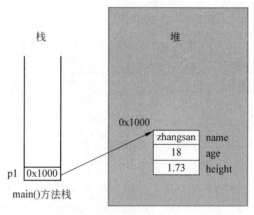

图 4-5　重新为属性赋初值后的内存分配示意图

⑤ Person p2 ＝ new Person("lisi",20,1.84);使用有 3 个参数的构造方法创建对象 p2,并给它的属性赋值。执行后的内存分配示意图如图 4-6 所示。

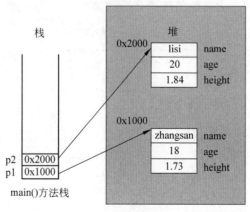

图 4-6　使用有参构造方法创建对象并为属性赋初值示意图

结论：每个对象都有自己独立的堆内存空间存储实例属性值，彼此互不干扰。

课堂练习1

1. 下列类的声明中不合法的是(　　　)。

   A. class People { }

   B. class 植物 { }

   C. Class A { }

   D. public class 动物{ }

2. 关于构造方法，下列叙述错误的是(　　　)。

   A. 构造方法是一种特殊方法，它的方法名必须与类名相同

   B. 构造方法的返回类型只能是 void 型

   C. 构造方法的主要作用是完成对象的创建以及初始化

   D. 一般在创建新对象时会使用 new 调用构造方法

3. 下面程序的运行结果是(　　　)。

```
public class Test {
    int i =1;
    String s;
    public Test() {
        i =20;
        s ="小明";
    }
    public static void main(String args[]) {
        Test t =new Test();
        System.out.println(t.i +t.s);
    }
}
```

   A. 1null   B. 20null

   C. 1 小明   D. 20 小明

4. 不是面向对象编程三大特性的选项是(　　　)。

   A. 封装性   B. 继承性

   C. 多线程   D. 多态性

5. 给出如下类的定义：

```
public class Test {
    Test(int i) {
    }
}
```

   如果要创建一个该类的对象，正确的语句是(　　　)。

   A. Test t = new Test();

   B. Test t = new Test(5);

C. Test t = new Test("5");

D. Test t = new Test(3.4);

4.4　变　　量

变量

在之前的章节中曾经讲过局部变量,在本章的类定义中又讲过成员变量,Java 语言中究竟有几种变量? 变量按照其作用范围(生存周期的长短),可以分 3 种:局部变量、实例变量(实例属性)和类变量(类属性)。实例变量和类变量因为都是在类中,在方法外声明,所以也被称为成员变量。

4.4.1　局部变量

在方法内定义的变量称为局部变量,方法的参数也是局部变量。局部变量只可以在定义的方法或者方法内的代码块中使用,作用范围在 3 种变量中最小。局部变量在使用前必须赋初值,否则程序会出现编译错误。

【例 4-6】　局部变量的使用。

```
1   public class Demo4_6 {
2       public static void main(String[] args) {
3           int a;
4           System.out.println(a);
5           for(int i=0;i<3;i++) {
6               System.out.println(i);
7           }
8           System.out.println(i);
9       }
10  }
```

代码解释:

本例因为编译错误不能运行。共有两处错误:

① 第 4 行错误。因为变量 a 是方法中定义的局部变量,其作用范围在整个 main()方法中,但是由于没有赋初值,故不可以执行输出操作。可以通过 int a＝0 的方式赋初值,以修改该处错误。

② 第 8 行出现错误。因为变量 i 是在方法中的 for 循环语句块中定义的局部变量,其作用范围只在 for 循环语句中。因为第 8 行在循环语句外,所以无法访问局部变量 i。

4.4.2　实例变量

实例变量也称为属性,其是在类中、方法外定义的非 static 修饰的变量。该变量在创建对象时产生,并由系统自动按照数据类型进行初始化,随着对象的消亡而消亡。实例变量只可以在对象存活时使用,其作用范围在 3 种变量中居中。实例变量是每个对象独有的变量,每个对象所占内存空间的大小主要由实例变量决定。

实例变量的使用方式:对象名.实例变量(属性)

【例 4-7】 实例变量的使用。

Person 类

```
1   public class Person {
2       String name;
3       int age;
4       double height;
5   }
```

Test 类

```
1   public class Test {
2       public static void main(String[] args) {
3           Person p1 =new Person();
4           System.out.println(p1.name+" "+p1.age+" "+p1.height);
5           p1.name="zhangsan";
6           p1.age=18;
7           p1.height=1.73;
8           System.out.println(p1.name+" "+p1.age+" "+p1.height);
9           Person p2=new Person();
10          System.out.println(p2.name+" "+p2.age+" "+p2.height);
11      }
12  }
```

运行结果：

```
null 0 0.0
zhangsan 18 1.73
null 0 0.0
```

代码解释：

Test 类中第 4 行运行结果说明，系统自动按照实例变量的数据类型默认赋初值，变量 name 为 String 类型（引用类型），默认初值是 null，以此类推。

第 5～7 行重新给对象 p1 的 3 个实例变量赋值，第 8 行为赋值后的输出结果。

第 10 行的运行结果说明，对象 p2 占有独立的内存空间，3 个实例变量仍然由系统自动赋初值。

4.4.3 类变量

类变量也称为静态变量，其是在类中、方法外定义的由 static 修饰的变量。该变量在类加载时由系统自动创建，并按照数据类型赋默认初值，而这个时候对象还没有产生，类变量存放在内存中的方法区，只要类还在内存中，类变量就一直存活，故其作用范围在 3 种变量中最大。类变量是多个对象可以共用的变量。

类变量的使用方式有 3 种：

① 在本类中直接通过类变量名访问。

② 通过类名访问：类名.类变量。

③ 通过对象名访问：对象名.类变量。

【例 4-8】 类变量在本类中的使用。

```
1  public class Person {
2      String name;
3      int age;
4      double height;
5      static String country="china";
6      public static void main(String[] args) {
7          System.out.println(country);              //china
8          System.out.println(Person.country);       //china
9          Person p1=new Person();
10         System.out.println(p1.country);           //china
11     }
12 }
```

运行结果：见本例中的单行注释。

代码解释：

在 Person 类内部的 main()方法中可以采用 3 种方式使用类变量。

【例 4-9】 类变量在其他类中的使用。

```
1  public class Test {
2      public static void main(String[] args) {
3          System.out.println(Person.country);   //china
4          Person p1=new Person();
5          System.out.println(p1.country);       //china
6      }
7  }
```

运行结果：见本例中的单行注释。

代码解释：

在 Test 类的 main()方法中可以采用 2 种方式使用类变量。

【例 4-10】 多个对象共用类变量

```
1  public class Test {
2      public static void main(String[] args) {
3          Person p1=new Person();
4          p1.country="中国";
5          Person p2=new Person();
6          System.out.println(p2.country);              //中国
7          System.out.println(Person.country);          //中国
8      }
9  }
```

运行结果：见本例中的单行注释。

代码解释：

因为对象 p1 和 p2 共用类变量,所以 p1 对类变量 country 的修改会影响 p2 的使用。每个对象中都有一静态引用,指向内存方法区的类变量。类变量的内存分配示意图如图 4-7 所示。

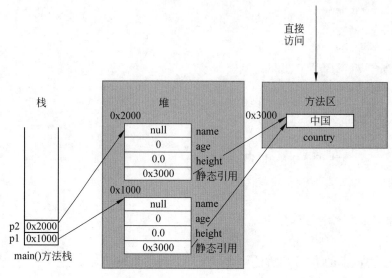

图 4-7 类变量的内存分配示意图

方法

4.5 方 法

方法按照是否有 static 类修饰符,可以分为两种:实例方法(简称为方法)和类方法。实例方法让多个对象共用,而类方法可以通过类直接访问,也可以通过对象间接访问。

4.5.1 实例方法和 this

Person 类中的 say()和 walk()方法,因为方法前没有 static 修饰符,所以都是实例方法。实例变量是每个对象独有的变量,那么实例方法是否也有这种特性? 答案是否定的,实例方法是多个对象共用的方法。

重新学习例 4-2 中的实例方法的定义,代码如下:

```
Person 类中的 say()方法
public void say() {
        System.out.println("Hello" +name);
}
```

main()方法中 p1 和 p2 对象的创建以及 say()方法的调用。

```
public static void main(String[] args) {
    Person p1 =new Person();
    p1.name ="zhangsan";
    p1.age =18;
    p1.height =1.73;
```

```
    Person p2 = new Person();
    p2.name = "lisi";
    p2.age = 20;
    p2.height = 1.84;
    p1.say();
    p2.say();
}
```

运行结果：

```
Hello zhangsan
Hello lisi
```

思考：系统如何判断是哪个对象调用实例方法 say()？

解释：通过 this 关键字区分，this 表示当前对象，即方法是哪个对象调用的，this 指代的就是那个对象。

Person 类中的 say()方法，经过编译后补全的代码如下：

```
public void say() {
    System.out.println("Hello" + this.name);
}
```

this.通常可以省略，但是为了更好地理解程序，读者最好在编写代码时加上"this."。以例 4-2 中实例方法 say()的调用为例，其内存分配如图 4-8 所示。

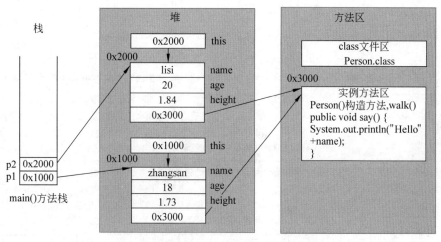

图 4-8 实例方法调用的内存分配示意图

说明：在堆内存中，用 this 保留当前对象的内存首地址，除了保存对象的实例变量之外，还包含一个引用指向方法区。方法区中有 class 文件区，里面加载了类编译后的 class 文件，还有实例方法区，存放实例方法。构造方法也是一种实例方法。

this 的用法有两种：this.和 this()。

① this.

表示当前对象，通常可以省略。当实例变量和局部变量重名时，"this."不可以省略。

② this()

在同一个类中,不同构造方法之间的调用。this()必须是构造方法中的第 1 行语句,注释语句除外。

【例 4-11】 this.和 this()的使用。

Person 类

```
1   public class Person {
2       String name;
3       int age;
4       double height;
5       public Person() {
6           this("某同志",18,170);
7           System.out.println("Person()被调用");
8       }
9       public Person(String name,int age,double height) {
10          this.name=name;
11          this.age=age;
12          this.height=height;
13          System.out.println("Person(String name,int age,double height)被调用");
14      }
15  }
```

Test 类

```
1   public class Test {
2       public static void main(String[] args) {
3           Person p1=new Person();
4           System.out.println(p1.name+" "+p1.age+" "+p1.height);
5       }
6   }
```

运行结果:

Person(String name,int age,double height)被调用
Person()被调用
某同志 18 170.0

代码解释:

Person 类中,第 9~14 行是 this.的用法,参数 name,age,height 都是局部变量,和实例变量重名,所以第 10~12 行前的 this. 不能省略,this.name 表示实例变量 name。

Test 类中,第 3 行 Person p1=new Person();使用 Person 类中第 5 行的空构造方法创建对象,在空构造方法的第 1 行调用了同类中第 9 行的构造方法,分别给 3 个实例变量赋值,接着输出第 13 行的语句,当第 9 行的构造方法执行完毕后,会自动返回到方法调用的地方,即第 6 行代码处,接着执行第 7 行的输出语句,这个时候对象 p1 才创建出来,最后执行 Test 类中第 4 行的输出语句。

说明:虽然调用了 2 次构造方法,但是只创建了一个对象。创建对象的数量由 new 内

存分配符调用的次数决定。在本例中，因为只调用了一次 new 运算符，所以创建了一个对象。

4.5.2 类方法

static 修饰的方法是类方法（又称静态方法）。类方法在内存中加载的时间比实例方法早，当字节码文件被加载到内存时，类方法就被分配了相应的访问地址；而实例方法，只有当创建对象后才分配。

主方法 public static void main(String[] args) 就是类方法，在 main() 运行时，还没有对象产生。

无论是类变量还是类方法，其加载的优先级都比实例变量和实例方法要高，加载顺序如下：

类变量>类方法>实例变量>实例方法

综上所述，实例方法可以直接访问类变量、类方法和实例变量；类方法可以直接访问类变量和其他类方法，不可以直接访问实例变量和实例方法，但是可以通过创建对象后间接访问实例变量和实例方法。

类方法的访问方式与类变量类似，也有 3 种方式：
① 在本类中直接通过类方法名访问。
② 通过类名访问：类名.类方法名()。
③ 通过对象名访问：对象名.类方法名()。

【例 4-12】 类方法在本类中的使用。

```
1   public class Person {
2       String name;
3       int age;
4       double height;
5       static String country="china";
6       public Person(String name,int age,double height) {
7           this.name=name;
8           this.age=age;
9           this.height=height;
10      }
11      public void say() {
12          System.out.println(this.name+" "+this.age+" "+this.height+" "+country);
13          change();
14          System.out.println(this.name+" "+this.age+" "+this.height+" "+country);
15      }
16      public static void change() {
17          //this.name="某个同志";
18          country="中国";
19          System.out.println(country);
20      }
21      public static void main(String[] args) {
```

```
22          Person p1=new Person("zhangsan",18,1.73);
23          p1.say();
24          change();
25          Person.change();
26          p1.change();
27      }
28  }
```

运行结果：

```
zhangsan 18 1.73 china
中国
zhangsan 18 1.73 中国
中国
中国
中国
```

代码解释：

第 2～4 行定义实例变量，第 5 行定义类变量，第 6～10 行定义构造方法，其是一种实例方法，第 11～15 行定义实例方法 say()，第 16～20 行定义类方法 change()，第 21～27 行定义类方法 main()。

程序运行时，先调用 main()方法，在第 22 行由 new 运算符调用的构造方法创建对象 p1，并给实例变量赋值；创建对象 p1 后，在类方法中就可以调用实例方法 say()；在实例方法 say()方法中既可以使用实例变量，也可以使用类变量。

第 17 行会出现编译错误。因为类方法加载时，当前对象和实例变量都没有产生，所以不可以直接访问实例变量，也不能在类方法中出现 this(当前对象)或者 super(父类对象)。

第 24 行在本类中可以直接调用类方法 change()。

第 25 行使用"类名.类方法名()"的方式访问。

第 26 行使用"对象名.类方法名()"的方式访问。

【例 4-13】 类方法在其他类中的使用。

Test 类

```
1  public class Test {
2      public static void main(String[] args) {
3          Person p1=new Person("zhangsan",18,1.73);
4          p1.say();
5          Person.change();
6          p1.change();
7      }
8  }
```

代码解释：

类方法在其他类中使用时，除了不可以直接访问类方法 change()外，其他和【例 4-12】一致。

4.5.3 传递参数

方法传递参数主要有两种形式：基本数据类型的参数传值和引用数据类型的参数传地址。

1. 传值

当方法定义中的参数是基本数据类型时，在方法内对参数的修改，通常结果不会带到方法外，除非满足以下两个条件：

① 该方法有返回类型。

② 方法外有变量接收该方法的返回结果。

【例 4-14】 基本数据类型参数的传值。

```
1   public class Test {
2       public static void modify(int a) {
3           a++;
4           System.out.println("modify()中的a:"+a);
5       }
6       public static void main(String[] args) {
7           int a=10;
8           modify(a);
9           System.out.println("main()中的 a:"+a);
10      }
11  }
```

运行结果：

```
modify()中的 a: 11
main()中的 a:10
```

代码解释：

在 Test 类中定义了类方法 modify()，其中形参 a 是 int 类型。

第 6 行执行 main()方法，系统为 main()方法的执行开辟了方法栈空间；第 7 行定义了 main()方法中的局部变量 a，并赋值 10；第 8 行调用 modify()方法，因为 modify()方法前用 static 修饰，表示它是类方法，所以可以直接调用，当调用 modify()方法时，系统为该方法开辟对应的栈空间，同时该空间下有一个局部变量 a，它的值是 main()中 a 传递过来的值 10。

第 3 行 a＋＋按照变量的"就近原则"，这里的 a 是 modify()方法中的参数 a，它的修改为 11，并系统输出该变量的值，之后 modify()方法运行结束。该方法对应的栈空间被回收，程序跳转到第 9 行执行，这时输出变量 a 的值，还是原来的 10。

基本数据类型传递参数的内存示意图如图 4-9 所示。

为了把方法内的修改结果带到方法外，需要方法有返回类型，并且在方法调用的地方有变量接收方法返回的结果。

【例 4-15】 基本数据类型参数的传值并返回结果。

```
1   public class Test {
2       public static int modify(int a) {
```

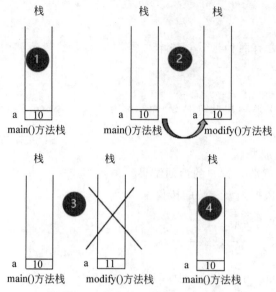

图 4-9　基本数据类型传递参数的内存示意图

```
3          a++;
4          System.out.println("modify()中的a: "+a);
5          return a;
6      }
7      public static void main(String[] args) {
8          int a=10;
9          a=modify(a);
10         System.out.println("main()中的a:"+a);
11     }
12 }
```

运行结果:

```
modify()中的a: 11
main()中的a:11
```

代码解释: 基本数据类型传递参数并返回结果的内存示意图如图 4-10 所示。

2. 传地址

除了 8 种基本数据类型以外,其他的都是引用数据类型。引用数据类型包括类、对象、数组等。方法的参数是引用数据类型,当调用方法时,实参会把引用(内存地址)传递给形参。这时,实参与形参指向同一块内存空间,即使该方法没有返回类型,也可以把方法内的修改传递到方法外。

下面分别以数组和 Person 对象为例,讲解引用类型参数传递地址的过程。

【例 4-16】 数组作为方法参数。

```
1  public class Test {
2      public static void modify(int[] a) {
3          a[0]++;
```

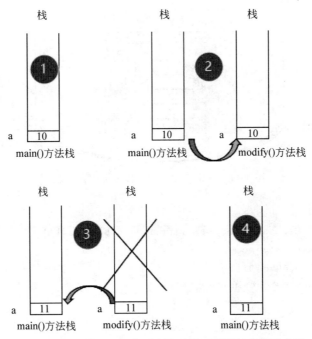

图 4-10 基本数据类型传递参数并返回结果的内存示意图

```
4          System.out.println("modify()中的 a[0]: "+a[0]);
5      }
6  public static void main(String[] args) {
7      int[] a={1,2,3};
8      modify(a);
9      System.out.println("main()中的 a[0]:"+a[0]);
10     }
11 }
```

运行结果：

```
modify()中的 a[0]: 2
main()中的 a[0]:2
```

代码解释：

第 7 行数组名 a 是堆内存中的一块内存空间的首地址；第 8 行把 a 中保存的地址传递给了 modify()方法中的参数 a，则这两个引用类型变量 a 指向同一块堆内存空间，当一个引用对内存进行修改后，另外一个引用访问的就是修改后的结果。

如图 4-11 所示，当 modify()方法调用完毕时，modify()的方法栈会自动销毁回收。

【例 4-17】 对象作为方法参数。

Person 类

```
1  public class Person {
2     String name;
3     int age;
```

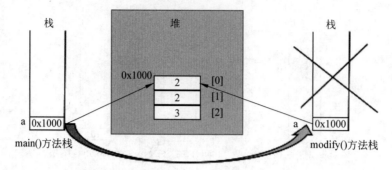

图 4-11　数组作为参数的传地址内存示意图

```
4      double height;
5      public Person(String name,int age,double height) {
6          this.name=name;
7          this.age=age;
8          this.height=height;
9      }
10 }
```

Test 类

```
1  public class Test {
2      public static void modify(Person p) {
3          p.name="wangwu";
4      }
5      public static void main(String[] args) {
6          Person p=new Person("zhangsan",18,1.73);
7          modify(p);
8          System.out.println(p.name);
9      }
10 }
```

运行结果：

```
wangwu
```

代码解释：

请读者自行结合内存示意图 4-12 理解运行结果。

注意：String 字符串除外，虽然是引用类型，但是因为 String 有不可改变的特性（后续章节会讲解），所以它满足值传递的特点，读者可以自行实验。

4.5.4　方法重载

方法必须先定义，然后才能调用，并且可以多次调用。方法调用时，系统会按照方法名称选择对应的方法。在类中，如果定义了多个相同名称的方法，是否会引起调用的混淆？答案是否定的，Java 语言中允许两个或多个名称相同的方法同时存在，系统会自动地选择适

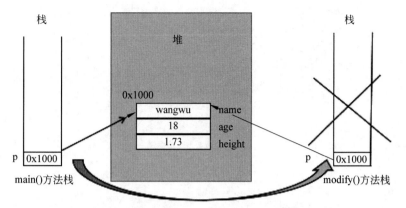

图 4-12　对象作为参数的传地址内存示意图

合的方法进行调用。

　　回顾构造方法的重载：在类中定义多个构造方法，只要参数列表不同，就被称为构造方法的重载。构造方法是一种特殊的方法，也满足方法重载的要求。

1. 方法重载的定义

　　① 在类中（或者具有继承关系的父子类中）有多个方法名相同。

　　② 方法的参数列表不同。参数列表指参数的类型是否完全一致，其中还包括参数个数和位置等信息，和参数名无关。

　　③ 方法重载与方法的返回类型，以及访问权限修饰符无关。

2. 重载方法的调用

　　① 优先调用方法名和参数列表完全一致的方法。

　　② 如果没有完全一致的方法，可以调用参数类型向上兼容的方法。例如，方法 add() 在定义时参数是 double 类型，在调用时比 double 类型小的兼容类型都可以作为其参数传递。

【例 4-18】　方法重载的使用。

```
1  public class Test {
2      public static int add(int x, int y) {
3          return x+y;
4      }
5
6      public static double add(double x, double y) {
7          return x +y;
8      }
9
10     public static int add(int x) {
11         return x +100;
12     }
13
14     public static void main(String[] args) {
15         int x =10;
16         int y =20;
```

```
17          double z =1.23;
18          System.out.println(add(x));
19          System.out.println(add(x, y));
20          System.out.println(add(x, z));
21
22      }
23  }
```

运行结果：

```
110
30
11.23
```

代码解释：

在 Test 类中定义的 3 个方法 add()，因为方法名相同，参数列表不同，所以 3 个方法是重载关系。

第 18 行只有 1 个 int 类型的参数，所以调用的是第 10 行定义的 add(int x)方法。

第 19 行有 2 个 int 类型的参数，完全一致的方法是第 2 行定义的 add(int x, int y)方法。

第 20 行有 1 个 double 类型的参数和 1 个 int 类型的参数，没有完全一致的方法和调用对应，但是 int 类型比 double 类型小，所以调用了第 6 行定义的 add(double x, double y)方法。

本例中为了方便方法调用，以类方法进行举例，实例方法也是同样的调用规则。

错误的方法重载例子如下：

```
public static int add(int x, int y) {
    return x+y;
}
public static int add(int a, int b) {
    return x+y;
}
static void add(int a, int b) {
    System.out.println(a+b);
}
```

代码解释：

以上 3 个 add()同时出现时，会出现编译错误。系统提示"add(int,int)方法已经定义"，从提示中可以看出方法重载只和方法名、参数类型有关，和参数名、返回类型、访问权限修饰符无关。

4.5.5 方法的返回

当方法需要传递数据给方法调用的地方时，需要有返回语句。有返回语句的方法必须在方法定义时指定返回数据类型。如果方法没有返回语句时，方法的返回类型必须指定是 void。

方法在定义的时候是否需要返回类型,由具体的业务决定。例如,ATM 中取款的方法需要有返回取款金额,而查询业务就不需要有返回,直接输出账户余额即可。

返回语句的语法形式如下:

return 表达式;

说明:return 是关键字,该语句结束方法的执行,并将表达式的结果作为方法的返回值。

特殊用法:

return ;

说明:该用法立刻结束方法的执行,强制方法返回。

【例 4-19】 方法返回的使用。

```
1   public class Test {
2       public static double add(int x, int y) {
3           return x+y;
4       }
5       public static void show() {
6           for(int i=0;i<1000;i++) {
7               if(i>3) {
8                   return;
9               }else {
10                  System.out.print(i+" ");
11              }
12          }
13      }
14      public static void main(String[] args) {
15          int x =10;
16          int y =20;
17  //      int a=add(x,y);
18          double b=add(x,y);
19          System.out.println(b);
20          show();
21      }
22  }
```

运行结果:

```
30.0
0 1 2 3
```

代码解释:

第 2 行定义的方法 double add(int x,int y),接收 2 个 int 类型的参数,返回 double 类型。

第 3 行因为表达式 x+y 中,最大的数据类型是 int 类型,所以 return 的表达式结果类型是 int,但是返回时会按照方法的返回类型自动把 int 类型转换为 double 类型。第 17 行用 int 类型的变量 a,接收方法返回的 double 类型值,会出现编译错误。

第 20 行调用 show()方法,方法内部是 for 循环,当 i>3 时,执行 return;语句强制退出方法,同时也就结束了方法内循环的执行,return 语句在这里相当于 break 语句。

课堂练习 2

1. 以下代码的输出结果应该是(　　　　)。

```
public class Test {
    public static void main(String[] args) {
        String s;
        System.out.println("s =" +s);
    }
}
```

A. 代码得到编译,并输出"s = "

B. 代码得到编译,并输出"s = null"

C. 由于 String s 没有初始化,因此编译错误

D. 代码得到编译,但运行异常

2. 在构造方法中,可以为实例变量赋值的是(　　　　)。

```
public class Point {
    double x;
    double y;
    Point (double x, double y) {
        // 将参数赋值给对应的实例变量
    }
}
```

A. Point.x = x; Point.y = y;

B. this.x = x; this.y = y;

C. x = x; y = y;

D. 以上都不对

3. 下列程序的运行结果是(　　　　)。

```
public class A {
    static void add(int y) {
        y =y +1;
    }
    public static void main(String args[]) {
        int x =1;
        add(x);
        System.out.println(x);
    }
}
```

}

A. 1   B. 2

C. 1.0   D. 程序编译错误

4. 下列程序的运行结果是(   )。

```
class Rectangle {
    int width;
    int length;
}
public class A {
    static void change(Rectangle t) {
        t.width =30;
        t.length =50;
    }
    public static void main(String args[]) {
        Rectangle b =new Rectangle();
        b.width =10;
        b.length =20;
        change(b);
        System.out.print(b.width +" ");
        System.out.print(b.length);
    }
}
```

A. 30 50   B. 10 50

C. 10 20   D. 30 20

5. 下面是 void study(int i){ }的重载方法的是(   )。

A. void study(int m) { }

B. int study() { }

C. void study2() { }

D. int study(int i) { }

4.6 匿名代码块

匿名代码块

匿名代码块按照是否有 static 修饰符,可以分为类匿名代码块和实例匿名代码块,使用方式和类方法、实例方法类似。匿名代码块加载的优先级如下所示。

类变量>类匿名代码块>类方法>实例变量>实例匿名代码块>实例方法

匿名代码块可以自动运行,而方法需要调用后运行。类匿名代码块在一些框架(如 Spring、Struts 等)开发中用来优先加载配置文件等重要信息。

【例 4-20】 匿名代码块的使用。

```
1  public class Test {
2      static int a =66;
```

```
3        int b = 88;
4        static {
5            System.out.println("类匿名代码块 1 " +a);
6        }
7        {
8            System.out.println("实例匿名代码块 1 " +b);
9        }
10
11       public static void main(String[] args) {
12           System.out.println("main()方法");
13           Test t = new Test();
14       }
15
16       static {
17           System.out.println("类匿名代码块 2 " +a);
18       }
19       {
20           System.out.println("实例匿名代码块 2 " +b);
21       }
22   }
```

运行结果：

类匿名代码块 1 66
类匿名代码块 2 66
main()方法
实例匿名代码块 1 88
实例匿名代码块 2 88

代码解释：

虽然程序是从 main()方法开始执行,但是类匿名代码块的加载优先级比类方法高,并且会自动执行,所以先输出两个类匿名代码块中的语句。如果程序中有多个类匿名代码块时,按照代码从上到下的方式顺序执行。

第 13 行在创建 Test 对象 t 时,实例匿名代码块会自动执行。如果程序中有多个实例匿名代码块,也是按照代码从上到下的方式顺序执行。

本 章 小 结

本章主要介绍了面向对象程序设计的基础知识,包括面向对象编程的三大特征：封装性、继承性和多态性;面向对象的两个核心概念：类的概念与定义,对象的概念与定义;构造方法的定义与重载方法的定义;变量的种类;this 的两种用法;实例方法和类方法;方法参数传值或传地址;匿名代码块等重要内容。

习 题 4

一、单选题

1. 下列选项中正确的是( )。

```
public class Test {
    static int x =10;
    public static void main(String args[]) {
        Test t1 =new Test();
        t1.x--;
        Test t2 =new Test();
        t2.x--;
        t1 =new Test();
        t1.x++;
        Test.x--;
        System.out.println("x =" +x);
    }
}
```

   A. 第 5 行不能通过编译,不能通过对象访问类变量 x

   B. 第 10 行不能通过编译,因为 x 是类变量

   C. 程序通过编译,输出结果为: x = 7

   D. 程序通过编译,输出结果为: x = 8

2. 下列有关变量及其作用域的陈述错误的是( )。

   A. 在方法里面定义的局部变量在方法结束的时候自动销毁

   B. 局部变量只在定义它的方法内有效

   C. 实例变量在对象被构造时创建

   D. 类变量的生命周期最短

3. 下列方法不能与方法 public void add(int a){ }重载的是( )。

   A. public int add(int b) { }

   B. public void add(double b) { }

   C. public void add(int a, int b) { }

   D. public void add(float g) { }

4. 下列选项中正确的是( )。

```
public class Square {
    int a;
    void Square() {
        a =10;
    }
    public static void main(String[] args) {
        Square s =new Square();
        System.out.println(s.a);
```

```
        }
    }
```

A. 输出 10   B. 编译错误

C. 输出 0   D. 运行错误

5. 下列选项中正确的是（   ）。

```
public class MyClass {
    static int i;
    public static void main(String argv[]) {
        System.out.println(i);
    }
}
```

A. 编译错误   B. null

C. 1   D. 0

6. 下列程序的运行结果是（   ）。

```
public class Point {
    static int x;
    int y;
}
public class Test {
    public static void main(String args[]) {
        Point p1 =new Point();
        Point p2 =new Point();
        p1.x =10;
        p1.y =20;
        System.out.print(p2.x +", ");
        System.out.print(p2.y);
    }
}
```

A. 0，0   B. 10，0

C. 0，20   D. 10，20

7. 下列程序的运行结果是（   ）。

```
public class Test {
    public static void test() {
        this.print();
    }
    public static void print() {
        System.out.println("3Q");
    }
    public static void main(String args[]) {
        test();
    }
}
```

A. 输出 3Q   B. 无输出结果

C. 编译错误   D. 以上都不对

8. 类 Test 的定义如下：

```java
public class Test {
    float use(float a, float b) {
    }
}
```

以下方法可以放在类中出错的是(　　　)。

A. float use(float a，float b，float c) { }

B. float use(float c，float d) { }

C. int use(int a，int b) { }

D. float use(int a，int b，int c) { }

9. 方法重载时，下列选项中正确的是(　　　)。

A. 采用不同的参数列表

B. 返回值类型不同

C. 调用时用类名或对象名做前缀

D. 参数名不同

10. 下列程序的运行结果是(　　　)。

```java
public class Counter {
    static int total;
    int number;
    Counter() {
        total++;
        number++;
    }
}
public class Statistics {
    public static void main(String args[]) {
        Counter c = null;
        for (int i = 1; i < 3; i++)
            c = new Counter();
        System.out.println("number =" + c.number + " / total =" + c.total);
    }
}
```

A. number = 1 / total = 1

B. number = 1 / total = 2

C. number = 2 / total = 2

D. number = 2 / total = 1

二、简答题

1. 简述面向对象编程的三大特征。

2. 构造方法是什么？它有哪些特征？

3. Java 语言中的变量如何分类？

4. this 是什么？其用法有几种？

5. 简述方法传值和传地址的区别。

6. 简述方法重载。

三、编程题

1. 编写 Java 应用程序,满足以下要求:

(1) 定义一个影片类 Film：属性,主演、影片名称;方法,上映、下线;有一个构造方法为成员变量赋值。

(2) 定义一个主类 TestFilm,创建两个影片对象:一个影片名称为"三傻大闹宝莱坞",主演是"阿米尔汗";另一个影片名称为"建国大业",主演是"唐国强"。然后调用上映和下线两个方法,分别在控制台上输出"三傻大闹宝莱坞上映"和"三傻大闹宝莱坞下线"、"建国大业上映"和"建国大业下线"。

2. 定义 Programmer 类：具有属性程序员的姓名、年龄、是否担任小组长,具有为所有属性赋值的构造方法和显示所有属性信息的方法。在主类中创建两个程序员对象,并分别调用方法显示其属性信息。

3. 先定义一个长方形类 Rectangle,具有属性长和宽,有求面积的方法 getArea(),在构造方法中用参数对属性进行初始化。再定义长方体类 Cuboid,属性有长方形类型的底 bottom 和 double 类型的高 height,有求体积的方法 getCubage(),在构造方法中为属性赋值。定义主类 Test,创建长方体类的对象,并测试其功能。

第5章 继承与多态

知识要点：

1. 继承
2. 引用类型的转换
3. 多态
4. final 修饰符
5. Object 类

学习目标：

继承和多态是面向对象编程的两大核心特征。通过继承可以更有效地组织程序结构，最大限度地达到代码的重复利用和优化；通过多态使用同样的方法调用形式，却可以实现不一样的行为和结果。

通过本章的学习，读者可以理解继承的概念；掌握子类的定义、子类对象的创建过程和继承关系中的内存分配；掌握方法重写与方法重载的应用以及两者的区别；理解引用类型转换中的上转型和下转型；掌握多态的两种形式；掌握 final 修饰符的用法；理解 Object 类。

5.1 继 承

继承

5.1.1 继承概述

Java 语言中使用类描述现实世界中的事物。类源自分类学的概念，就像生物可以分为植物和动物，动物又可以分为人类和猫类等。分类层次图如图 5-1 所示。

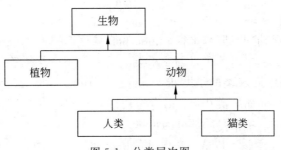

图 5-1 分类层次图

下面以"人类"为例讲解继承关系的必要性。假设"人类"按照职业可以分为"教师""学生"和"职员"等，没有继承关系时，为了描述"教师"这一类事物时，会抽象出教师编号、名字、年龄、身高、职称等基本特征，以及说话、教学等行为特征；为了描述"学生"这一类事物时，会抽象出学号、名字、年龄、身高等基本特征以及说话、学习等行为特征。这两类事物中有很多相同或者相似的基本特征以及行为特征，是否有一种方式或者机制，可把多个不同类事物之间相同的部分提取出来，共同管理？这就是继承由来的原因。

读者会发现,"教师"和"学生"都是"人类"的1种,"人类"可以拥有所有人具有的基本特征(如名字、年龄和身高)和行为(如说话),而"教师"继承自"人类",自动拥有"人类"的特征和行为,并且还可以拥有"教师"独特的特征(如教师编号和职称)和行为(如教学),"学生"继承自"人类",也会自动拥有"人类"的特征和行为,并且可以拥有"学生"独特的特征(如学号)和行为(如学习)等。

通常把分类层次中处于上层(大类)的类称为父类或者超类,把处于下层并由该父类派生出的小类称为子类或者派生类。在整个类继承层次中处于最顶层的类是 Object 类,它是所有类的父类,也称为根类。除了 Object 类之外,所有的类都有父类。

继承是面向对象程序设计中的重要机制之一,它使编程人员可以在原有类的基础上快速设计出功能更强大的新类,而不必从头开始定义,避免了很多重复性的工作。在继承关系中,子类会自动拥有父类的属性和方法,同时也可以加入自己的一些特性,使得子类更具体,功能更丰富。

继承分为单继承和多继承两种方式。在单继承中,每一个类只能有一个父类(如人的亲生父亲只能有一个),而多继承则每一个类可以有多个父类。单继承是最常见的继承方式,因为其条理清晰,语法规则简单,更接近现实世界,所以 Java 语言中采用的是单继承方式。

5.1.2 子类的继承规则

在子类定义中,使用关键字 extends 表示继承关系,格式如下:

```
[修饰符] class  子类名  extends  父类名{
        子类体
}
```

例如:

```
public class Person [extends Object]{父类体}
public class Student extends Person{子类体}
```

说明:
① 修饰符,通常是访问权限修饰符 public 和默认修饰符。
② 需要先创建父类,之后才可以创建子类。子类名和父类名都需要满足标识符规则。
③ Student 类是 Person 类的子类,Person 类是 Student 类的父类。
④ 每个类都有父类,如果类在定义时没有使用 extends 关键字显式声明父类,那么系统默认其父类是 Object 类,中括号[]部分为可选。

子类可以继承父类中除了构造方法以外的所有属性和方法,同时也可以在父类的基础上增加新的属性或者新的方法。

【例 5-1】 继承关系的使用。

Person 类

```
1  public class Person {
2      String name="zhangsan";
3      int age=18;
4      double height=1.73;
```

```
5       public void say() {
6           System.out.println("Person 类中的 say()方法");
7       }
8   }
```

Student 类

```
1   public class Student extends Person {
2       String sno="s01";
3       public void study() {
4           System.out.println("Student 类中的 study()方法");
5       }
6   }
```

Test 类

```
1   public class Test {
2       public static void main(String[] args) {
3           Student s1=new Student();
4           System.out.println(s1.name+" "+s1.age+" "+s1.height+" "+s1.sno);
5           s1.say();
6           s1.study();
7       }
8   }
```

运行结果：

```
zhangsan 18 1.73 s01
Person 类中的 say()方法
Student 类中的 study()方法
```

代码解释：

第 1 行 Person 类后省略了 extends Object 语句，为了简化代码的调用，在第 2~4 直接给 3 个实例变量赋初值。

Student 类是 Person 类的子类，在 Student 类中定义了实例变量 sno 并对其赋初值，以及定义了 study()方法。

Test 类中第 3 行创建了 Student 对象 s1，第 4 行使用对象名 s1 访问了从 Person 类中继承过来的 3 个实例变量以及子类中定义的 sno，第 5 行调用 Person 类中继承过来的实例方法 say()，第 6 行调用子类中定义的实例方法 study()。

例 5-1 中 UML 所绘制的继承关系示意图如图 5-2 所示。

说明：在图 5-2 中空心箭头表示继承关系（又被称为泛化关系），箭头由子类指向父类。

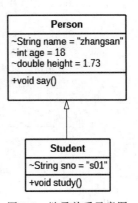

图 5-2　继承关系示意图

5.1.3　子类对象的创建和 super

在创建子类对象的过程中，首先会调用子类的构造方法，但是在子类构造方法中总会默认调用父类的构造方法,先完成父类实例变量的初始化,再完成子类实例变量的初始化,之后才可以创建出子类对象。

子类调用父类构造方法的规则如下:

super([参数列表]);

说明:

① super()必须在子类构造方法的第 1 行使用,注释语句除外。

② 参数列表由父类构造方法的参数决定。

当例 5-1 中的 Person 类换成如下代码时,Student 类会出现编译错误。

```
1  public class Person {
2      String name="zhangsan";
3      int age=18;
4      double height=1.73;
5      public Person(String name) {
6          this.name=name;
7      }
8      public void say() {
9          System.out.println("Person 类中 say()方法");
10     }
11 }
```

Student 类会出现的错误信息:"在默认构造方法中无法调用 Person 类中的 Person()空构造方法"。

按照构造方法的特点,每个类中都有构造方法,当类中没有定义任何构造方法时,系统会为该类中增加一个空构造方法,而在子类的构造方法的第 1 行中,总会使用 super()调用父类的空构造方法。

在 Student 类中补充完整的代码如下:

```
1  public class Student extends Person {
2      String sno="s01";
3      public Student() {
4          super();
5      }
6      public void study() {
7          System.out.println("Student 类中的 study()方法");
8      }
9  }
```

代码解释:

第 3～5 行为系统按照类创建的规则自动添加的内容,这部分往往是初学者容易忽略的地方。第 4 行调用 Person 类中的空构造方法,因为父类中有带参数的构造方法,所以系统就不会为 Person 类提供空构造方法,调用失败,出现编译错误。

该类问题的解决办法是在父类中增加一个空构造方法,如下列所示。

【例 5-2】 在 Person 类中增加空构造方法。

```
1   public class Person {
2       String name="zhangsan";
3       int age=18;
4       double height=1.73;
5       public Person() {}
6       public Person(String name) {
7           this.name=name;
8       }
9       public void say() {
10          System.out.println("Person 类中 say()方法");
11      }
12  }
```

说明：第 5、6 行 Person 类中的 2 个构造方法是方法重载关系。

5.1.4 继承关系中的内存分配

当创建子类对象时,如何为子类对象分配内存空间? 子类对象的内存分配主要分为栈内存、堆内存和方法区 3 部分。栈内存用来保存对象名,即该对象在堆内存的首地址。堆内存用来保存子类对象的实例变量,以及从父类继承过来的实例变量,同时在子类对象里保留对方法区中实例方法区和类方法区的引用。

例 5-1 子类对象内存分配示意图如图 5-3 所示。

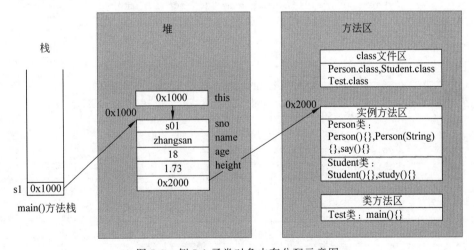

图 5-3　例 5-1 子类对象内存分配示意图

说明:this 是堆内存中的引用,为了访问当前对象。sno 为 Student 类中定义的实例变量,name、age、height 为从 Person 类继承过来的实例变量。另外,因为 Person 类和 Student 类中只有实例方法,所以本图中只有对实例方法区访问的引用。

5.1.5 实例变量的隐藏

实例变量的隐藏是指当子类和父类都有同名的实例变量时,子类的实例变量把父类的实例变量隐藏起来,子类对象访问时,优先访问子类中定义的实例变量。就像我们将一张大小完全相同的扑克牌放在另外一张扑克牌前一样,这两张扑克牌都是真实存在的,前一张扑克牌把后一张扑克牌隐藏起来。初学者很容易将其错误地理解为替代或覆盖关系。

为了能够访问被子类实例变量隐藏的父类中的实例变量,需要使用"super.实例变量名"。"super."表示对父类的引用,和"this."表示对子类的引用应区别理解。

【例5-3】 实例变量的隐藏。

Person 类

```
1  public class Person {
2      String name="zhangsan";
3      int age=18;
4      double height=1.73;
5  }
```

Student 类

```
1  public class Student extends Person {
2      String name="lisi";
3      String sno="s01";
4      public void showName() {
5          System.out.println(this.name+" "+super.name);
6      }
7  }
```

Test 类

```
1  public class Test {
2      public static void main(String[] args) {
3          Student s1=new Student();
4          System.out.println(s1.name);
5          s1.showName();
6      }
7  }
```

运行结果:

```
lisi
lisi zhangsan
```

代码解释:

子类 Student 和父类 Person 都有同名的实例变量 name。在 Test 类中的第 3 行创建 Student 对象。

第 4 行访问子类的实例变量 name。

第 5 行调用 showName()方法,分别使用 this.和 super.访问了子类的实例变量和父类的实例变量 name。

例 5-3 对应的内存分配示意图如图 5-4 所示。

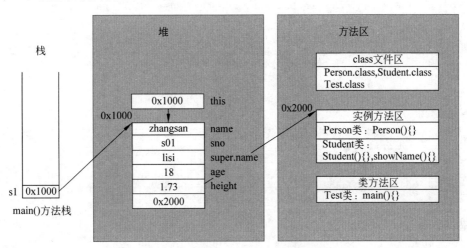

图 5-4 父、子类同名实例变量的内存分配示意图

5.1.6 方法重写和方法重载

方法重写(或方法覆盖)是指子类和父类中有同样的实例方法,即方法的访问权限修饰符、返回数据类型、方法名相同。子类对象调用方法时,优先使用子类自己定义的实例方法,为了能够访问到父类的实例方法,需要使用"super.实例方法名()"。

子类和父类中的方法也存在方法重载的情况,即方法名相同、参数列表不同。重载方法的调用由方法名和参数列表决定。

【例 5-4】 方法重写和方法重载。

Person 类

```
1  public class Person {
2      String name="zhangsan";
3      int age=18;
4      double height=1.73;
5      public void say() {
6          System.out.println("Person 类中的 say()");
7      }
8  }
```

Student 类

```
1  public class Student extends Person {
2      String name="lisi";
3      String sno="s01";
4      public void say() {
5          super.say();
6          System.out.println("Student 类中的 say()");
```

```
 7        }
 8        public void say(String name) {
 9            System.out.println(this.name+" say hello to "+name);
10        }
11   }
```

Test 类

```
1    public class Test {
2        public static void main(String[] args) {
3            Student s1=new Student();
4            s1.say();
5            s1.say("wangwu");
6        }
7    }
```

运行结果：

```
Person 类中的 say()
Student 类中的 say()
lisi say hello to wangwu
```

代码解释：

Person 类中第 5 行定义了 say()实例方法，Student 类中第 4 行也定义了同样的 say()实例方法，这两个方法是方法重写关系。Student 类中第 8 行的 say(String name)方法和其他两个 say()方法是方法重载关系。

Test 类中第 3 行创建了子类对象 s1，第 4 行优先调用 Student 类中的 say()方法，Student 类中第 5 行使用 super.say()调用了父类的 say()方法，并执行输出语句。

Test 类中第 5 行调用了 Student 类中第 8 行定义的有参数的 say()方法，因为方法参数是局部变量和类中定义的实例变量重名，所以第 9 行需要用 this.区分，this.name 表示实例变量。

注意：在继承关系中出现的同名方法，要么是方法重写，要么是方法重载，否则会出现编译错误。

错误的写法，例如：

Person 类

```
public String say(String name) {
    return n;
}
```

Student 类

```
public void say(String name) {}
```

这两个方法既不是方法重写，也不是方法重载，Student 类中的方法会出现编译错误。

5.1.7　子类对父类类成员的访问

父类中定义的类成员包括类变量和类方法，对其访问的方式需要使用"父类名.类变量"

或"父类名.类方法名()"。在类方法中不能使用 super.和 super(),因为 super 属于对象的引用,而类成员属于类的引用。

注意:子类和父类中相同的类方法之间不叫方法重写,类方法的调用只看引用变量的类型。

【例 5-5】 子类对父类类成员的访问。

Person 类

```
1   public class Person {
2       String name="zhangsan";
3       int age=18;
4       double height=1.73;
5       static String country="china";
6       public static void show() {
7           System.out.println("Person 类中的类变量:"+country);
8       }
9   }
```

Student 类

```
1   public class Student extends Person {
2       String name="lisi";
3       String sno="s01";
4       static String country="中国";
5       public static void show() {
6           Person.show();
7           //super.show();
8           System.out.println("Student 类中的类变量:"+country);
9       }
10  }
```

Test 类

```
1   public class Test {
2       public static void main(String[] args) {
3           Student s1=new Student();
4           s1.show();
5           Student.show();
6       }
7   }
```

运行结果:

```
Person 类中的类变量:china
Student 类中的类变量:中国
Person 类中的类变量:china
Student 类中的类变量:中国
```

代码解释:

Test 类中第 3 行创建了子类 Student 对象 s1，第 4 行通过"对象名.类方法名()"的方式调用 Student 类中定义的类方法 show()。

Student 类中 show()方法调用父类中的类方法 show()时，只可以用 Person 类名调用，因为在类方法中不可以使用"this."或者"super."。第 6 行调用 Person 类中的类方法 show()。

Test 类中第 5 行使用"类名.类方法名()"的方式调用 Student 类中的类方法 show()。

课堂练习 1

1. Java 语言中类间的继承关系是(   )。
   A. 多重的   B. 单重的
   C. 线程的   D. 不能继承
2. 下列程序的运行结果是(   )。

```java
class Parent {
    void printMe() {
        System.out.print("parent ");
    }
}
class Child extends Parent {
    void printMe() {
        System.out.print("child ");
    }
    void printAll() {
        super.printMe();
        this.printMe();
        printMe();
    }
}
public class TestThis {
    public static void main(String args[]) {
        Child baby = new Child();
        baby.printAll();
    }
}
```

   A. child child child   B. child parent child
   C. parent child child   D. parent parent child
3. 下列程序的运行结果是(   )。

```java
class First {
    public First() {
        speak();
    }
    public void speak() {
        System.out.println("in First class");
```

```
        }
    }
public class Second extends First {
    public void speak() {
        System.out.println("in Second class");
    }
    public static void main(String[] args) {
        new Second();
    }
}
```

A. in First class   B. in Second class

C. 无结果输出   D. 编译错误

4. 下列程序的运行结果是（   ）。

```
class Base {
    Base() {
        int i =100;
        System.out.println(i);
    }
}
public class Pri extends Base {
    static int i =200;
    public static void main(String argv[]) {
        Pri p =new Pri();
        System.out.println(i);
    }
}
```

A. 编译错误   B. 200

C. 100 200   D. 100

5. 在子类（   ）可以调用父类的构造方法。

   A. 任何地方

   B. 构造方法的第一条语句

   C. 构造方法的最后一条语句

   D. 不能在子类构造方法中调用超类的构造方法

5.2　引用类型的转换

引用类型
的转换

　　Java 语言中的数据类型分为两大类：基本数据类型和引用类型。基本数据类型共有 8 种，其中 7 种类型（除 boolean 类型以外）可以相互转换。从小范围数据类型向大范围数据类型转换是自动类型转换，反之则是强制类型转换。

　　除了 8 种基本数据类型以外的所有类型都称为引用类型。数组、类、对象都属于引用类型，引用类型之间也可以相互转换，转换的方式有两种，分别是：上转型（自动转型）和下转型(强制转型)。引用类型转换的前提是引用类型之间具有继承关系。

下面以图 5-5 为例,说明继承关系中引用类型之间的转换规则。

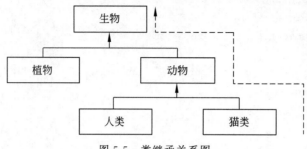

图 5-5　类继承关系图

图 5-5 中的继承关系,由猫类或者人类转换为动物、由动物或者植物转换为生物、由人类直接转换为生物称为上转型,即子类型转换为父类型;而由生物转换为植物或动物、由动物转换为猫类或人类、由生物转换为人类称为下转型。在引用类型转换时,可以跨越多个层级转换。

子类是父类中特殊的一类事物,子类的表示范围比父类的表示范围小。例如,人类是特殊的一种动物。但是,父类中特殊的一部分不一定是某个子类。例如,特定的动物不一定是人。简述为"人是动物,但是动物不一定都是人",由此得出引用类型的转换规则。

5.2.1　上转型

上转型的转换语法规则有两种,如下所示:

① 子类型 子类型引用变量(对象名) =new 子类构造方法();
父类型 父类型引用变量 =子类型引用变量;
② 父类型 父类型引用变量 =new 子类构造方法();

说明:上转型也称为引用类型的自动转型,当子类型转换为父类型时,子类中自己定义的成员变量和方法会无法访问,而只能访问父子类中共同拥有的成员变量和方法。成员变量访问的是父类中定义的成员变量;如果子类重写父类中的实例方法时,则调用子类重写后的方法,否则访问父类中的方法。

【例 5-6】　引用类型的上转型。

Person 类

```
1  public class Person {
2      String name="zhangsan";
3      int age=18;
4      double height=1.73;
5      public void say() {
6          System.out.println("Person 类中的 say()");
7      }
8  }
```

Student 类

```
 1  public class Student extends Person {
 2      String name="lisi";
 3      String sno="s01";
 4      public void say() {
 5          System.out.println("Student 类中的 say()");
 6      }
 7      public void study() {
 8          System.out.println("Student 类中的 study()");
 9      }
10  }
```

Test 类

```
 1  public class Test {
 2      public static void main(String[] args) {
 3          Student s1=new Student();
 4          Person p=s1;
 5          System.out.println(p.name+" "+p.age+" "+p.height);
 6          p.say();
 7      }
 8  }
```

运行结果:

```
zhangsan 18 1.73
Student 类中的 say()
```

代码解释:

Person 类和 Student 类中共同拥有的成员包括:实例变量 name、age、height 和实例方法 say(),实例变量 sno 和 study()方法是 Student 类中自定义的成员。

Test 类中第 3、4 行把 Student 类型的变量转换为 Person 类型的变量。第 5 行输出 Person 类中实例变量的值,而不是 Student 类中实例变量的值。

第 6 行用父类型变量调用 say()方法,实际调用子类 Student 类中重写后的 say()方法。使用父类型变量时,无法访问 Student 类中的实例变量 sno 和 study()方法。

5.2.2 下转型

下转型的转换语法规则如下所示:

子类型 子类型引用变量 =(子类型)父类型引用变量;

下转型的前提条件有两个:

① 必须先有上转型,才可以进行下转型。没有上转型的过程,不可以进行下转型操作。

② 子类型如何上转型为父类型,就需要父类型如何下转型为子类型。这里主要针对一个父类有多个子类的情况,下转型时很容易出现类型转换异常。

下转型称为引用类型的强制转型,当父类型转换回子类型时,子类中定义的成员就又可以访问和调用了。

例 5-7 中 Person 类和 Student 类的代码和例 5-6 中相同,这里不再重复列出。在例 5-7 中增加了 Person 类的另外一个子类——Teacher 类。

【例 5-7】 引用类型的下转型。

Teacher 类

```
1   public class Teacher extends Person {
2       String tno="t01";
3       public void say() {
4           System.out.println("Teacher 类中的 say()");
5       }
6       public void teach() {
7           System.out.println("Teacher 类中的 teach()");
8       }
9
```

Test 类

```
1   public class Test {
2       public static void main(String[] args) {
3           Student s1=new Student();
4           Person p=s1;
5           //Teacher t1=(Teacher)p;
6           s1=(Student)p;
7           System.out.println(s1.sno+""+s1.name+""+s1.age+""+s1.height);
8           s1.say();
9           s1.study();
10          Person p1=new Person();
11          //s1=(Student)p1;
12      }
13  }
```

运行结果:

```
s01 lisi 18 1.73
Student 类中的 say()
Student 类中的 study()
```

代码解释:

Test 类中,第 5 行在编译阶段不会出错,因为父类型变量下转型成子类型变量,在语法中是正确的;但是在程序运行时,会判断父类型变量指代的是哪种子类对象,如果子类型不匹配,就会出现 ClassCastException(类型转换异常)。

第 6 行把原来指代 Student 对象的父类型变量下转型成 Student 类型的变量。

第 7 行 s1 中的 sno 和 name 是子类中定义的实例变量,age 和 height 为从父类中继承过来的实例变量。

第 8、9 行调用的是 Student 类中的 say()方法和 study()方法。

第 10 行创建父类对象。

第 11 行当把 p1 下转型成 Student 类型时，也会出现 ClassCastException。因为没有上转型的过程，所以不可以下转型。

例 5-7 UML 所绘制的继承关系示意图如图 5-6 所示。

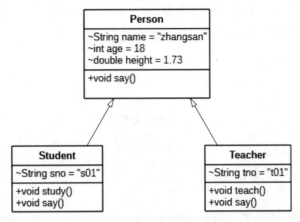

图 5-6　类继承关系示意图

`instanceof` 运算符

当无法判断引用类型的变量是什么类型时，可以用 instanceof 判断，具体语法规则为：

引用类型的变量 `instanceof` 类型

例如：

`s1 instanceof Student`　　结果为 `true`

5.3　多　　态

多态

类的多态按其确定阶段以及表现形式分为静态多态和动态多态。

5.3.1　静态多态

静态多态和方法重载有关，是程序编译阶段确定的多态。静态多态的表现形式是：在类中或者具有继承关系的父子类中有多个同名的方法，方法由于接收的参数类型不同，而产生不同的行为结果。例如，有两个同名方法都可以计算两个数的和，假设一个方法接收整型参数，它计算的结果就是整数，而另外一个方法接收浮点型参数，则计算的结果就是浮点数，具体见例 4-18 方法重载的使用，这里就不再赘述。

5.3.2　动态多态

动态多态和方法重写有关，是在运行阶段确定的多态。动态多态的表现形式是：在继承关系中，子类方法对父类方法重写，当同名方法被不同类型对象调用时，会产生不同的行为结果。例如，动物（父类）有"叫"的行为，如果动物指代的是猫（子类）时，说动物在叫，实际上指的是猫"叫"的行为，结果是猫语"喵喵"；而如果动物指代的是狗（子类）时，说动物在叫，实际上指的是狗"叫"的行为,结果是狗语"旺旺",这就是"叫"行为的动态多态。再如,黑白打印机(子类)和彩色打印机(子类)都是打印机(父类),都具有打印的功能。当黑白打印机执行打印功能时,得到的是黑白的纸张内容,而彩色打印机执行打印功能时,得到的是彩色的纸张内容,这就是"打印"行为的动态多态。

【例 5-8】 "叫"行为的动态多态。

Animal 类

```
1  public class Animal{
2      public void call() {
3          System.out.println("Animal 类中的 call()方法");
4      }
5  }
```

Cat 类

```
1  public class Cat extends Animal {
2      public void call() {
3          System.out.println("喵喵");
4      }
5  }
```

Dog 类

```
1  public class Dog extends Animal {
2      public void call() {
3          System.out.println("旺旺");
4      }
5  }
```

Test 类

```
1   public class Test {
2       public static void main(String[] args) {
3           Cat c=new Cat();
4           Dog d=new Dog();
5           Animal a=c;
6           a.call();
7           a=d;
8           a.call();
9       }
10  }
```

运行结果:

喵喵
旺旺

代码解释:

Animal 类是父类，Cat 类和 Dog 类是子类，子类都对父类中的实例方法 call()进行方法重写。

在 Test 类中分别创建 Cat 对象和 Dog 对象，第 5 行和第 7 行执行引用变量类型的上转型，并没有创建父类对象。

第 6 行和第 8 行的调用方式虽然完全一致，但因为父类型变量指代的子类对象不同，却得到不同的输出结果。

【例 5-9】 "打印"行为的动态多态。

Printer 类

```
1   public class  Printer{
2       public void print() {
3           System.out.println("Printer 类中的 print()方法");
4       }
5   }
```

BlackWhitePrinter 类

```
1   public class BlackWhitePrinter extends Printer {
2       public void print() {
3           System.out.println("执行黑白打印");
4       }
5   }
```

ColorPrinter 类

```
1   public class ColorPrinter extends Printer {
2       public void print() {
3           System.out.println("执行彩色打印");
4       }
5   }
```

Test 类

```
1    public class Test {
2        public static void main(String[] args) {
3            BlackWhitePrinter b =new BlackWhitePrinter();
4            ColorPrinter c =new ColorPrinter();
5            Printer p =b;
6            p.print();
7            p =c;
8            p.print();
9        }
10   }
```

运行结果：

执行黑白打印
执行彩色打印

例 5-8 和例 5-9 中动态多态的优势在于可以用相同的调用代码,得到不同的行为结果,以方便行为的统一管理。在现实的编程过程中,使用较多的是动态多态。

5.3.3 引用回调

引用回调是指在方法中定义的参数类型为父类型,在方法体中使用"父类变量名.方法名()"调用方法,当给该方法传递子类型参数时,会调用不同子类中重写后的方法。引用回调是动态多态的另外一种表现形式。

【例 5-10】 "叫"行为的引用回调。

Test 类

```
1  public class Test {
2      public static void call(Animal a) {
3          a.call();
4      }
5      public static void main(String[] args) {
6          Cat c=new Cat();
7          Dog d=new Dog();
8          call(c);
9          call(d);
10     }
11 }
```

运行结果:同例 5-8。

代码解释:

Animal 类、Cat 类和 Dog 类与例 5-8 完全相同,这里不再赘述。

第 2 行 call(Animal a)是类方法,可以在 main()方法中直接调用。方法中的参数必须定义为父类型。

第 8、9 行把 Cat 对象名或 Dog 对象名依次传给 call()方法中的父类型变量 a,执行自动上转型操作,分别调用子类重写后的方法。

【例 5-11】 "打印"行为的引用回调。

```
1  public class Test {
2      public static void print(Printer p) {
3          p.print();
4      }
5      public static void main(String[] args) {
6          BlackWhitePrinter b =new BlackWhitePrinter();
7          ColorPrinter c =new ColorPrinter();
8          print(b);
9          print(c);
10     }
11 }
```

运行结果:同例 5-9。

课堂练习 2

1. 类定义如下：

```
class BaseWidget {
    String name ="BaseWidget";
    void speak() {
        System.out.println("I am a " +name);
    }
}
class TypeWidget extends BaseWidget {
    TypeWidget() {
        name ="Type";
    }
}
```

以下代码可以正确编译和执行的是(   )。

A. Object a ＝ newBaseWidget()； a.speak()；

B. BaseWidget b ＝ new TypeWidget()；b.speak()；

C. TypeWidget c ＝ new BaseWidget()；c.speak()；

D. 以上都不对

2. 下列程序的运行结果是(   )。

```
class Parent {
    int i =20;
    int j =30;
    void f() {
        System.out.print(" " +i);
    }
}
class Child extends Parent {
    int i =30;
    int k =40;
    void f() {
        System.out.print(" " +i);
    }
    void g() {
        System.out.print(" " +k);
    }
    public static void main(String args[]) {
        Parent x =new Child();
        System.out.print(x.i);
        x.f();
```

```
            Child x1 =(Child) x;
            System.out.print(" " +x1.i);
            x1.f();
        }
    }
```

A. 30 30 30 30   B. 20 20 20 20

C. 20 30 30 30   D. 都不对

3. 下列程序的运行结果是(   )。

```
class Base{ }
class Sub extends Base{ }
class Cex {
    public static void main(String argv[]) {
        Base b =new Base();
        Sub s = (Sub) b;
    }
}
```

A. 语法错误   B. 编译错误

C. 运行异常   D. 以上都不对

4. Sub 类的 main()方法的运行结果为(   )。

```
class Base {
    public void show(int i) {
        System.out.print(" Value is " +i);
    }
}
class Sub extends Base {
    public void show(int j) {
        System.out.print(" It is " +j);
    }
    public void show(String s) {
        System.out.print(" I was passed " +s);
    }
    public static void main(String args[]) {
        Base b1 =new Base();
        Base b2 =new Sub();
        b1.show(5);
        b2.show(6);
    }
}
```

A. It is 6 Value is 5   B. This value is 5 It is 6

C. Value is 5 It is 6   D. This value It is 6

5.4　final 修饰符

final 修饰符

final 的中文含义是"最终的"，final 修饰符可以放在类、方法和成员变量前进行修饰，分别表示最终类、最终方法和常量。

5.4.1　final 类

final 修饰的类称为最终类。最终类不能被继承，即不能有子类。
例如：

```
public final class Person{ }
public class Student extends Person{ }
```

说明：Student 类出现编译错误，提示信息是"cannot inherit from final Person"，表示 Student 类不能继承最终类 Person。

5.4.2　final 方法

final 修饰的方法称为最终方法。最终方法不能被方法重写。
例如：

```
public class Person{
    final void say(){ }
}
public class Student extends Person{
    void say(){ }
}
```

说明：Student 类中的实例方法 say()出现编译错误，会出现提示信息"say() in Student cannot override say() in Person; overridden method is final"，表示 Student 类中的 say()方法不容许对 Person 类的最终方法 say()进行方法重写。

5.4.3　final 变量

final 修饰的变量可以是成员变量、局部变量和形参，被称为最终变量。最终变量必须在变量定义时赋初值，并且一旦赋初值后，该变量的值不可改变，其可以理解为一种特殊的常量。
例如：

```
final double PI=3.14;
void say(final String s){}
```

5.5　Object 类

Object 类

创建类时，如果不用关键字 extends 显式定义一个类的父类，那么该类的父类默认是

Object 类。Object 类是唯一没有父类的类，也称为根类，所有的其他类都是 Object 类的子类或间接子类。

每个子类都继承定义在 Object 类内的方法（Object 类没有定义属性）。每当实例化子类时，在其构造方法中总是使用 super() 自动调用父类的构造方法，最终会调用到 Object 类的构造方法，从而完成整个子类实例化的过程。

Object 类中有 3 个重要的方法，分别是 hashCode()、toString() 和 equals()。

1. hashCode() 方法

hashCode() 方法的完整定义如下：

```
public int hashCode()
```

说明：该方法返回对象的哈希码。哈希码是代表对象的整数。可以把哈希码比作对象的身份证号码。程序在运行期间，每次调用同一对象的 hashCode() 方法，返回的哈希码必定相同。哈希码是将对象的内存地址通过哈希函数转换而得到的，所以不同对象会有不同的哈希码。

2. toString() 方法

toString() 方法的完整定义如下：

```
public String toString()
```

说明：Object 类中的 toString() 方法默认以字符串方式输出对象在内存中的首地址。该字符串由 3 部分组成：类名＋@＋十六进制哈希码。当输出对象时，默认调用 toString() 方法。读者可以对该方法进行方法重写，让 toString() 方法拥有新的功能。

【例 5-12】 Object 类中的 toString()。

```
1  public class Person {
2      String name="zhangsan";
3      int age=18;
4      double height=1.73;
5      public static void main(String[] args) {
6          Person p1=new Person();
7          System.out.println(p1);
8          System.out.println(p1.toString());
9      }
10 }
```

运行结果：

```
Person@28a418fc
Person@28a418fc
```

代码解释：

Person 类中没有定义 toString() 方法，该方法继承自 Object 类。

第 7 行输出对象名时，会自动隐式调用 toString() 方法。读者的实际运行结果可能和本例有所不同。

【例 5-13】 重写 Object 类中的 toString()。

```
1   public class Person {
2       String name="zhangsan";
3       int age=18;
4       double height=1.73;
5       public static void main(String[] args) {
6           Person p1=new Person();
7           System.out.println(p1);
8           System.out.println(p1.toString());
9       }
10      public String toString() {
11          return this.name+" "+this.age+" "+this.height;
12      }
13  }
```

运行结果：

```
zhangsan 18 1.73
zhangsan 18 1.73
```

代码解释：

第 10～12 行 Person 类重写 Object 类中的 toString()方法,按照方法重写的规则,优先调用子类重写后的方法,输出该对象的 3 个属性值。

3. equals()方法

equals()方法的完整定义如下：

```
public boolean equals(Object obj)
```

说明：Object 类中的 equals()方法,用来比较两个引用类型变量中保存的内存地址是否相同,和"=="的用法一致。

"=="关系运算符有 2 种用法,分别是：

① 当该运算符左右两边的操作数是基本数据类型时,比较两个基本数据类型变量的值是否相等,相等时是 true,否则是 false。

② 当该运算符左右两边的操作数是引用类型时,比较两个引用类型变量的地址是否相等,相等时是 true,否则是 false。

【例 5-14】 Object 类中的 equals()方法和"=="的用法。

Person 类

```
1   public class Person {
2       String name="zhangsan";
3       int age=18;
4       double height=1.73;
5   }
```

Test 类

```
1   public class Test {
```

```
2      public static void main(String[] args) {
3          int a=5;
4          int b=5;
5          System.out.println(a==b);//true
6          Person p1=new Person();
7          Person p2=new Person();
8          Person p3=p1;
9          System.out.println(p1==p2);//false
10         System.out.println(p1.equals(p2));//false
11         System.out.println(p1==p3);//true
12         System.out.println(p1.equals(p3));//true
13     }
14 }
```

运行结果：见单行语句注释。

代码解释：

Test 类中第 5 行"=="左右两边是基本数据类型 int，比较的是两个变量的值是否相等，结果是 true。

第 9 行"=="左右两边是引用类型 Person，比较 p1 和 p2 的地址是否相等。因为两次使用 new 运算符，所以会产生两块不同的空间，对应不同的空间首地址，结果是 false。

第 10 行 Person 类中的 equals() 方法继承自 Object 类，默认比较的是地址，结果为 false。

第 8 行把 p1 的地址赋值给 p3，即这两个引用类型的变量指向同一块内存空间，所以第 11 行和第 12 行输出的结果都是 true。

【例 5-15】 重写 Object 类中的 equals() 方法。

Person 类

```
1 public class Person {
2     String name="zhangsan";
3     int age=18;
4     double height=1.73;
5     public boolean equals(Object obj) {
6         Person p=(Person)obj;
7         return this.name==p.name;
8     }
9 }
```

Test 类

```
1 public class Test {
2     public static void main(String[] args) {
3         Person p1=new Person();
4         Person p2=new Person();
5         System.out.println(p1==p2);//false
```

```
6          System.out.println(p1.equals(p2));//true
7      }
8  }
```

运行结果：见单行语句注释。

代码解释：

Person 类中第 5～8 行重写 equals()方法,其参数是父类型 Object,在本例中想要实现的功能是：当两个人的姓名相同时,认为是同一个人。因为参数是父类型,为了比较姓名,所以需要把 Object 类型强转为 Person 类型后,才可以访问 name 属性；接着,比较当前对象的 name 和参数中的 name 是否相等,如果一致,则返回 true,否则返回 false。

Test 类中第 5 行"=="比较地址是否一致,结果为 false。

第 6 行 p1 调用 equals()方法,因此 p1 就是 Person 类中定义的当前对象 this,而 p2 是实参,传递给 obj,因为默认的两个对象 name 都是 zhangsan,所以结果为 true。

课堂练习 3

1. 如果声明成员变量时必须赋初值,而且不能再发生变化,那么这个成员变量是（   ）。

    A. 私有变量   B. 最终变量（常量）

    C. 受保护的变量   D. 都不对

2. 定义不能有子类的类的是（   ）。

    A. class Key { }   B. final class Key { }

    C. public class Key { }   D. class Key { final int i; }

3. 下列不能被重写的方法是（   ）。

    A. 私有方法   B. 最终方法（final 方法）

    C. 受保护的方法   D. 都不对

4. 下列说法正确的是（   ）。

    A. Object 类中没有任何成员方法

    B. Object 类中 equals()方法比较的是地址是否相同

    C. Object 类中 equals()方法比较的是基本数据类型的值

    D. Object 类中的 toString()方法输出为 null

本 章 小 结

本章主要讲述了面向对象的两个核心特征：继承与多态。重点掌握子类对象的创建过程及继承关系中的内存分配,实例变量的隐藏及访问,引用类型的上转型和下转型,类的多态和方法重写、方法重载之间的关系,final 的用法；理解 super 和 this 的使用方法和区别；了解 Object 类,特别是 toString()方法和 equals()方法的原始作用。

习 题 5

一、单选题

1. 类的声明如下：

```
class A {
}
```

则类 A 的父类是(　　)。

A. 没有父类　　　　　　　　　B. 本身

C. java.lang.Object　　　　　　D. 以上都不对

2. 关于方法重载和方法重写的叙述正确的是(　　)。

A. 方法重载是多态的一种，而方法重写不是

B. 方法重载是子类中定义的方法，和父类中的某个方法相同

C. 方法重载是类中或父子类中多个同名的方法，并且方法的参数列表不同

D. 方法重写时方法的参数列表不同

3. 下列程序的运行结果是(　　)。

```
private class Base{
    Base(){
        int i =100;
        System.out.println(i);
    }
}
public class Pri extends Base{
    static int i =200;
    public static void main(String argv[]){
        Pri p =new Pri();
        System.out.println(i);
    }
}
```

A. 编译错误　　　B. 200　　　　　　C. 100　　200　　　D. 100

4. 下列继承关系中，说法正确的是(　　)。

A. 一个子类可以有多个父类，一个父类也可以有多个子类

B. 一个子类可以有多个父类，但一个父类只可以有一个子类

C. 一个子类只可以有一个父类，但一个父类可以有多个子类

D. 上述说法都对

5. 下列在子类中用来访问与父类中一样的方法的关键词是(　　)。

A. super　　　　　B. this　　　　　C. static　　　　　D. 以上没有

6. 下列程序的运行结果是(　　)。

```
class Parent {
```

```
        void test() {
            System.out.print("Parent");
        }
    }
    public class Child extends Parent {
    void test() {
        super.test();
        System.out.print(" Child");
    }
    public static void main(String args[]){
        Child x=new Child();
        x.test();
    }
    }
```

    A. Parent Child   B. Child   C. Parent   D. 编译错误

7. 下列程序的运行结果是(　　)。

```
class Parent {
    Parent(String name) {
    }
    void test() {
        System.out.print("Parent");
    }
}
public class Child extends Parent {
    void test() {
        super.test();
        System.out.print(" Child");
    }
    public static void main(String args[]){
        Child x=new Child();
        x.test();
    }
}
```

    A. Parent Child   B. Child   C. Parent   D. 编译错误

8. 下列不能被继承的是(　　)。

    A. 公有类   B. 最终类   C. 主类   D. 都对

9. 可以限制方法重写的声明语句是(　　)。

    A. final void test() { }

    B. final test() { }

    C. static void test() { }

    D. abstract final void test() { }

10. 下列程序的运行结果是(　　)。

```
class Base {
    Base() {
    System.out.print("Base");
    }
}
public class Alpha extends Base {
    public static void main( String[] args ) {
        new Alpha();
        new Base();
    }
}
```

A. Base   B. BaseBase   C. 编译错误   D. 没有输出

二、简答题

1. 简述子类对象的创建过程。

2. 简述方法重写与方法重载。

3. 下转型的要求有哪些?

4. 简述 super 的用法。

5. final 的用法有哪些?

三、编程题

1. 编写 Java 应用程序,该程序包括 3 个类:类人猿类、People 类和主类 E。要求:

① 类人猿类中有个构造方法类人猿(String s),并且有个 public void speak()方法,在 speak()方法中输出"咿咿呀呀……"的信息。

② People 类是类人猿类的子类,在 People 类中重写方法 speak(),在 speak()方法中输出"小样的,不错嘛!"的信息。

③ 在 People 类中新增方法 void think(),在 think()方法中输出"别说话! 认真思考!"。

④ 在主类 E 的 main()方法中创建类人猿类与 People 类的对象类,测试这两个类的功能。

2. 编写 Java 应用程序,主要体现父类与子类间的继承关系。父类:鸟;子类:麻雀、鸵鸟。子类继承父类的一些特点,如都是鸟,就都有翅膀、两条腿等,但它们各自又有各自的特点,如麻雀的年龄、体重;鸵鸟的身高、奔跑速度等。

3. 编写 Shape 类,具有属性周长和面积;定义其子类三角形和矩形,它们分别具有求周长的方法。定义主类 E,在其 main()方法中创建三角形和矩形类的对象,并赋给 Shape 类的对象 a、b,使用对象 a、b 测试其特性。

4. 编写 Java 应用程序,该程序包括 3 个类:类 A、类 B 和主类 E。其中类 B 是类 A 的子类,在子类 B 中新增了成员变量和成员方法,并且隐藏了父类 A 的成员变量和重写了父类 A 的成员方法。在主类 E 的 main()方法中创建类 B 的对象并赋给父类 A 的对象 a,使用上转型对象 a 测试上转型对象的一些特性。

5. 按照如下类图编写 Java 程序。

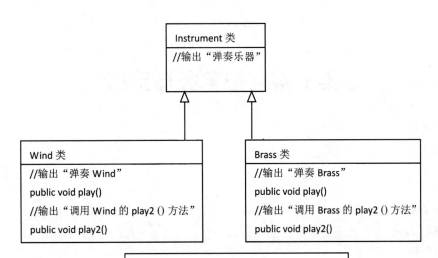

Instrument 类

//输出"弹奏乐器"

Wind 类

//输出"弹奏 Wind"

public void play()

//输出"调用 Wind 的 play2 () 方法"

public void play2()

Brass 类

//输出"弹奏 Brass"

public void play()

//输出"调用 Brass 的 play2 () 方法"

public void play2()

Music 类

//调用对象 i 的 play () 方法

public static void tune(Instrument i)

//主方法

public static void main(String args[]){

//调用 tune () 方法，以 Wind 类对象为参数

//调用 tune () 方法，以 Brass 类对象为参数

第6章　抽象类与接口

知识要点：

1. 抽象类

2. 抽象方法

3. 接口

4. 类和接口的关系

5. 接口回调

学习目标：

通过本章的学习，要求读者理解并掌握抽象类与抽象方法的概念与关系，接口的概念和应用；掌握接口回调，以及接口与抽象类的区别。

6.1　抽　象　类

抽象类

6.1.1　抽象方法

因为抽象类中很多重要的性质都和抽象方法有关，所以学习抽象类首先需要了解什么是抽象方法。方法的定义由两部分组成：方法声明和方法体。

```
[修饰符] 返回数据类型 方法名([参数列表]){
    方法体
    [return 语句]
}
```

抽象方法特指实例方法中只有方法声明部分，而没有方法体的特殊方法。抽象方法前必须用修饰符 abstract 修饰，否则会出现编译错误。方法体是指方法声明后的"{ }"中的代码块，即使"{ }"中没有一行代码，也算有方法体。

类方法是在类加载时就要确定的方法，不可以成为抽象方法，即 abstract 和 static 不能同时使用。

抽象方法的定义规则如下：

```
[修饰符] abstract 返回数据类型 方法名([参数列表]);
```

例如：

```
public abstract void print();
public abstract double add(int a, int b);
```

说明：方法最后的分号"；"不可以省略。

6.1.2　抽象类概述

抽象类是一种特殊的类。包含抽象方法的类一定是抽象类，需要在类前使用 abstract

修饰符,但是抽象类中可以没有抽象方法。抽象类不能实例化,即抽象类不能创建对象。

抽象类的定义规则如下:

```
[其他修饰符] abstract 类名{
    [实例变量的定义]
    [类变量的定义]
    [实例方法]
    [类方法]
    [抽象方法]
}
```

说明:

其他修饰符可以是访问权限修饰符,不可以是最终修饰符 final。final 和 abstract 修饰符不能同时使用,因为 final 修饰的类为最终类,不可以有子类,而 abstract 修饰的类只能作为父类,这两个修饰符在概念上是互斥的关系。

[]部分的内容是可选部分。

1. 含有抽象方法的类必须声明为抽象类

Father 类

```
1  public abstract class Father {
2      public abstract void oneDream();
3  }
```

说明:因为 Father 类中含有抽象方法 oneDream(),所以该类前必须用 abstract 修饰符修饰,否则会出现编译错误。

2. 抽象类中可以没有抽象方法

Father 类

```
1  public abstract class Father {
2  }
```

说明:抽象类 Father 中没有定义方法,可以正常通过编译。

3. 抽象类中的抽象方法可能继承自父类(包含父类以上的所有祖先类)

GrandFather 类

```
1  public abstract class GrandFather {
2      public abstract void oneDream();
3  }
```

Father 类

```
1  public abstract class Father extends GrandFather {
2      public abstract void anotherDream();
3  }
```

Son 类

```
1  public abstract class Son extends Father {
```

```
2   }
```

说明：因为 GrandFather 类有抽象方法 oneDream()，所以 GrandFather 类必须定义为抽象类。Father 类继承自 GrandFather 类，自动继承 GrandFather 类中除了构造方法以外的所有成员，包括抽象方法，因此 Father 类中有两个抽象方法：一个是继承的 oneDream()抽象方法；另一个是类中自定义的 anotherDream()抽象方法。Father 类也必须定义为抽象类。Son 类继承自 Father 类，所以 Son 类中也有两个继承的抽象方法，Son 类也必须是抽象类。

4. 抽象类不能实例化

抽象类不能实例化，即不能用 new 运算符创建该类的对象。例如，Son 类是抽象类，则 Son s = new Son();是错误的。

思考：抽象类中是否有构造方法？

答案：抽象类中有构造方法，如下列代码是正确的。

```
1   public abstract class Son extends Father {
2       public Son() {}
3       public Son(String name) {}
4   }
```

说明：每个类都有构造方法，包括抽象类也有构造方法。回顾构造方法的两个作用：第 1 个作用是创建对象；第 2 个作用是为父类的成员变量初始化。只有父类的成员变量初始化后，子类才可以继承。在子类构造方法的第 1 行使用 super()调用父类的空构造方法，这个调用过程一直会延续到调用 Object 类的构造方法结束。

抽象类不可以使用构造方法的第 1 个作用，构造方法的第 2 个作用在所有类中一直存在。

单独定义抽象类型的引用变量是容许的，即 Son s;是正确的。因为抽象类型的引用变量作为父类使用时，可以采用上转型的方式间接调用子类中重写后的方法。

5. 当子类对继承的抽象方法进行方法重写后，子类可以实例化

【例 6-1】 抽象类的使用。

GrandFather 类

```
1   public abstract class GrandFather {
2       public abstract void oneDream();
3   }
```

Father 类

```
1   public abstract class Father extends GrandFather {
2       public abstract void anotherDream();
3   }
```

Son 类

```
1   public class Son extends Father {
2       public void anotherDream() {
```

```
3              System.out.println("实现了 Father 类中的 anotherDream()");
4         }
5    public void oneDream() {
6              System.out.println("实现了 GrandFather 类中的 oneDream()");
7         }
8    }
```

Test 类

```
1  public class Test {
2      public static void main(String[] args) {
3          Son s=new Son();
4          s.oneDream();
5          s.anotherDream();
6      }
7  }
```

运行结果:

实现了 GrandFather 类中的 oneDream()
实现了 Father 类中的 anotherDream()

代码解释:

当类对所有抽象方法(包括继承过来的抽象方法)进行方法重写后,该类就是一个普通类,可以实例化(即可以创建对象)。

课堂练习 1

1. 下列有关抽象类的叙述中正确的是(   )。

   A. 由 abstract 修饰的类叫抽象类,抽象类没有类体

   B. 任何含有抽象方法的类必须声明为抽象类,但抽象类中不一定有抽象方法

   C. 因为抽象类不能被实例化,所以无法为抽象类的变量赋值

   D. 抽象类可以被子类继承,而且子类必须实现抽象类中的所有抽象方法

2. 下列有关抽象类和抽象方法的叙述中正确的是(   )。

   A. 抽象方法没有方法体{ },参数列表后直接用逗号结束

   B. 不可以用 final 修饰抽象类,但是可以用 final 修饰抽象方法

   C. 可以将构造方法定义成抽象方法

   D. 抽象方法必须声明在抽象类或接口中

3. 下列程序中有(   )处错误。

```
abstract class Father {
    abstract void eat() { };
    public abstract void sleep();
}
class Son extends Father {
```

```
    protected void eat() {
        System.out.println("eat");
    }
    public void sleep() {
        System.out.print("sleep");
    }
}
```

A. 1   B. 2

C. 3   D. 4

4. 下列程序的运行结果是(   )。

```
abstract class Father {
    abstract final void speak(String s);
}
class Son extends Father {
    void speak(String s) {
        System.out.print(s);
    }
    public static void main(String[] args) {
        Son s = new Son();
        s.speak("Hello!");
    }
}
```

A. Hello!   B. 抛出异常

C. 编译错误   D. 以上都不对

6.2　接　　口

接口

　　抽象类是一种特殊的类,而接口是一种特殊的抽象类。虽然接口不叫类,但是接口在使用中的很多性质和类之间的继承关系相似,请读者对照学习。

　　以硬件接口为例,先理解硬件接口的概念,然后再以类比的方式学习编程语言软件中的接口概念。以 USB 接口为例,读者是否思考过,无论是笔记本电脑、台式机,还是移动硬盘,这些设备的 USB 接口为什么都设计成统一的规格大小? 答案是浅显易懂的,如果接口大小不一致,数据线无法插入设备,更不用说使用该接口进行数据传递。

　　另外的问题是:由谁规定 USB 接口要如此设计? 通过查询,可以了解到"USB 硬件接口是外部总线标准,用来规范计算机与外部设备的连接和通信。USB 标准是在 1994 年年底由英特尔公司提出的,并由多家公司联合在 1996 年推出后成为当今计算机与大量智能设备的必配接口。USB 3.0 标准由英特尔、微软、惠普、得州仪器、NEC、ST-NXP 等业界巨头组成的 USB 3.0 Promoter Group 宣布,该组织负责制定的新一代 USB 3.0 标准已经正式完成并公开发布。"从这段描述中可以知道,USB 接口实际是由一些大公司制定的一种行业标准,用来规范所有厂商的产品行为。

Java 语言中的接口也有同样的含义。接口是一套标准,用来规范实现该接口的所有类的特征和行为。接口比抽象类更纯粹,抽象类中成员变量的值可以被修改,也可以不被修改,而接口中只能定义常量,并且必须对该常量赋初值,且不能被修改;抽象类中可以定义抽象方法,也可以定义普通方法,但是接口中定义的方法必须全是抽象方法。

6.2.1 接口的定义

接口的定义规则如下:

```
[修饰符]  interface  接口名 [ extends 父接口列表 ]  {
        [常量声明;]
            [抽象方法声明;]

}
```

说明:

① 接口用关键字 interface 表示。

② 修饰符通常是访问权限修饰符,可以有两种:public 和默认。如果接口是用 public 修饰时,则源文件的名字必须和接口名一致,而且一个源文件中最多只能定义一个 public 接口。

③ extends 父接口列表为可选项,父接口和父接口间用逗号分隔。

④ 接口中可以为空,但是有成员时,该成员必须是常量或抽象方法。

1. 创建接口

创建接口的步骤和创建类类似,首先选择项目名称,之后右击,在弹出的快捷菜单中选择 New 选项,再选择 interface 选项,然后填写接口名,选择访问权限修饰符及父接口,最后单击"完成"按钮完成接口的创建。

2. 接口中的常量

接口中定义的变量前默认有 3 个修饰符 public、static 和 final。因为有 final 修饰符,所以该变量在声明时必须赋初值,并且在程序运行中不容许改变变量的值,该变量也被称为常量。

3. 接口中的方法

接口中定义的方法默认有 public、abstract 两个修饰符。

接口中的常量和方法前,默认修饰符可以定义,也可以不定义。当修饰符未定义时,系统会自动按要求添加。

【例 6-2】 接口的定义。

Usb 接口的简写代码

```
1  public interface Usb {
2      double transSpeed=3.0;
3      void transData();
4  }
```

Usb 接口的完整代码

```
1  public interface Usb {
```

```
2      public final static double transSpeed=3.0;
3      public abstract void transData();
4  }
```

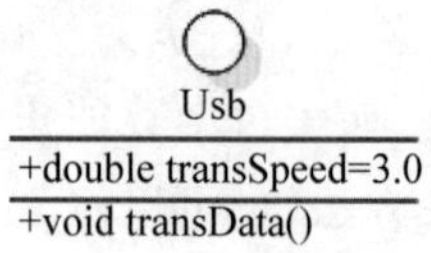

例 6-2 中对应 UML 中的接口图如图 6-1 所示。

说明：接口用空心圈表示。

图 6-1　接口图

6.2.2　类和接口的关系

类和接口之间是实现关系，用 implements 关键字表示。实现关系是变相的继承关系，满足继承关系中的所有规则，因此接口可以作为特殊的父类出现。

实现关系的规则如下：

```
[修饰符]  子类  [extends 父类] [implements  接口列表] {
        类体;
}
```

说明：类之间是单继承关系，extends 父类部分是可选项，如果没有该选项时，默认继承自 Object 类。

子类从父类中如果无法获得某种功能，可以通过实现接口的方式让类中具有该种功能，实现关系为类功能的拓展提供了一种灵活的方式。接口中的方法都是抽象方法，当类实现接口时，需要对接口中的抽象方法进行方法实现(方法重写)，否则这个类就必须定义成抽象类，抽象类不能实例化。

【例 6-3】 类实现接口。

Usb 接口

```
1  public interface Usb {
2      public final static double transSpeed=3.0;
3      public abstract void transData();
4  }
```

Power 接口

```
1  public interface Power {
2      public final static int voltage=220;
3      public abstract void charge();
4  }
```

Computer 类

```
1  public class Computer implements Usb,Power {
2      public void transData() {
3          System.out.println("计算机在传输数据");
4      }
5      public void charge() {
6          System.out.println("计算机在充电");
7      }
8  }
```

MobileHardDisk 类

```
1  public class MobileHardDisk implements Usb,Power {
2      public void transData() {
3          System.out.println("移动硬盘在传输数据");
4      }
5      public void charge() {
6          System.out.println("移动硬盘在充电");
7      }
8  }
```

说明：Computer 类和 MobileHardDisk 类实现了两个接口 Usb、Power，分别在各自的类中对接口中的方法进行了方法实现，因此这两个类都是普通类，可以创建对象。在方法实现时，因为接口中的方法默认是 public 公有方法，所有类中的方法也必须定义为 public 的方法，否则编译错误。

例 6-3 中对应 UML 中的类实现接口图如图 6-2 所示。

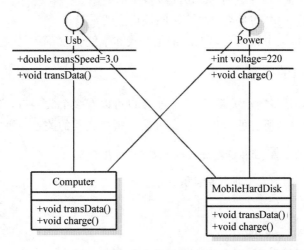

图 6-2 类实现接口图

说明：类和接口之间的实现关系用实线表示。

6.2.3 访问接口中的常量

接口中定义的变量，因为系统会默认添加 public、static 和 final 3 个修饰符，也被认为是常量。

接口中的常量访问方式有 3 种，分别是：

① 接口名.常量。

② 类名.常量（类和接口之间必须有实现关系）。

③ 对象名.常量。

【例 6-4】 访问接口中的常量。

Test 类

```
1  public class Test {
2     public static void main(String[] args) {
3         Computer c=new Computer();
4         System.out.println(Usb.transSpeed);              //3.0
5         System.out.println(Computer.transSpeed);         //3.0
6         System.out.println(c.transSpeed);                //3.0
7         System.out.println(Power.voltage);               //220
8         System.out.println(Computer.voltage);            //220
9         System.out.println(c.voltage);                   //220
10    }
11 }
```

运行结果：见单行注释。

代码解释：

第 4 行和第 7 行使用"接口名.常量"访问接口中的常量。

第 5 行和第 8 行使用"类名.常量"访问接口中的常量。

第 6 行和第 9 行使用"对象名.常量"访问接口中的常量。

MobileHardDisk 类中调用接口中的常量方式和本例一致，不再赘述。

6.2.4　接口和接口的关系

接口和接口之间是多继承关系，即一个子接口可以有多个父接口，当子接口继承父接口时，会自动继承父接口中所有的常量和抽象方法。接口之间的关系规则定义如下：

```
[修饰符]  interface  子接口 [ extends 父接口列表 ]{ }
```

【例 6-5】 接口和接口之间的多继承关系。

Usb 接口

```
1  public interface Usb {
2     public final static double transSpeed=3.0;
3     public abstract void transData();
4  }
```

Power 接口

```
1  public interface Power {
2     public final static int voltage=220;
3     public abstract void charge();
4  }
```

BasicFunction 接口

```
1  public interface BasicFunction extends Usb,Power {
2     public abstract void init();
3  }
```

Computer 类

```
1   public class Computer implements BasicFunction {
2       public void transData() {
3           System.out.println("计算机在传输数据");
4       }
5       public void charge() {
6           System.out.println("计算机在充电");
7       }
8       public void init() {
9           System.out.println("计算机在初始化");
10      }
11  }
```

MobileHardDisk 类

```
1   public class MobileHardDisk implements Usb,Power {
2       public void transData() {
3           System.out.println("移动硬盘在传输数据");
4       }
5       public void charge() {
6           System.out.println("移动硬盘在充电");
7       }
8   }
```

代码解释：

BasicFunction 接口作为子接口，继承 Usb 和 Power 两个父接口，该子接口中一共有两个常量 transSpeed 和 voltage，以及 3 个抽象方法 init()、transData() 和 charge()。

Computer 类实现了 BasicFunction 接口，必须对 3 个抽象方法进行方法实现后，该类才可以创建对象。

MobileHardDisk 类实现了 Usb、Power 两个接口，所以实现两个抽象方法后，该类才可以创建对象。

例 6-5 对应 UML 中的接口与接口关系图如图 6-3 所示。

说明：类和接口之间是实现关系，用实线表示；接口和接口之间是多继承关系，用实线＋空心三角形表示。

6.2.5 接口回调

接口是一种引用类型，接口回调的本质还是引用类型的上转型。任何实现接口的类，由该类产生的实例（即对象）都可以通过接口名调用。接口类型的变量可以调用被类实现的接口方法，但是不能调用类中已定义的其他方法或成员变量，以及从其他接口中实现的方法。

以例 6-5 中的类和接口理解接口回调的使用，见例 6-6。

【例 6-6】 接口回调的使用。

```
1   public class Test {
2       public static void main(String[] args) {
3           Computer c=new Computer();
```

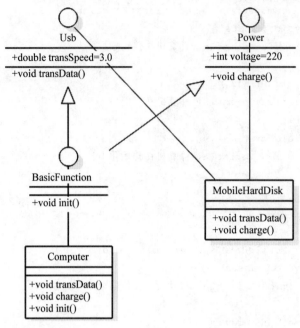

图 6-3 接口与接口关系图

```
4          MobileHardDisk m=new MobileHardDisk();
5          Usb u=c;
6          u.transData();
7          u=m;
8          u.transData();
9          Power p=c;
10         p.charge();
11         p=m;
12         p.charge();
13         BasicFunction b=c;
14         b.init();
15         //b=m;
16      }
17  }
```

运行结果：

计算机在传输数据
移动硬盘在传输数据
计算机在充电
移动硬盘在充电
计算机在初始化

代码解释：

第 3、4 行分别创建了 Computer 和 MobileHardDisk 对象，把内存地址赋值给子类引用
类型变量 c 和 m。

第 5～8 行由于 Computer 和 MobileHardDisk 都实现了 Usb 接口,Computer 类实现 BasicFunction 接口时,间接实现了 Usb 接口,所以可以把子类引用类型变量赋值给接口变量(相当于父类类型),调用 transData()方法时,调用子类重写后的方法。

第 9～12 行和第 5～8 行的解释类似。

第 13～14 行由于 Computer 类实现了 BasicFunction 接口,因此可以使用接口回调的方式调用 init()方法。

第 15 行因为 MobileHardDisk 类没有实现 BasicFunction 接口,所以不可以把 m 赋值给接口变量 b。

接口回调的特殊写法:

接口是一种引用类型,可以作为方法的参数使用。如果方法的参数是接口类型,就可以将任何实现该接口的类的实例传递给该接口参数,这时接口参数可以回调类实现的接口方法。

【例 6-7】 接口回调的特殊写法。

```
1  public class Test {
2      public static void transData(Usb u) {
3          u.transData();
4      }
5      public static void charge(Power p) {
6          p.charge();
7      }
8      public static void init(BasicFunction b) {
9          b.init();
10         b.charge();
11         b.transData();
12     }
13     public static void main(String[] args) {
14         Computer c=new Computer();
15         MobileHardDisk m=new MobileHardDisk();
16         init(c);
17         charge(c);
18         charge(m);
19         transData(c);
20         transData(m);
21     }
22 }
```

运行结果:

计算机在初始化
计算机在充电
计算机在传输数据
计算机在充电
移动硬盘在充电

计算机在传输数据
移动硬盘在传输数据

代码解释：

在 Test 类中定义了 3 个类方法,方便在 main()方法中直接调用。

第 2～4 行 transData(Usb u)中,参数 u 只可以调用 transData()方法。

第 5～7 行 charge(Power p)中,参数 p 只可以调用 charge()方法。

第 8～12 行 init(BasicFunction b)中,参数 b 可以调用从父接口继承过来的 transData()方法和 charge()方法,以及在自己类中定义的 init()方法。

第 14～15 行分别产生了两个对象。

第 16～20 行使用接口回调的方式,调用类里实现接口中的方法。

课堂练习 2

1. 下面实现接口 Speakable 的类是( )。

```
interface Speakable {
    void speak(String str);
}
```

A. ```
class People implements Speakable {
    void speak(String str) {
        System.out.print(str);
    }
}
```

B. ```
class People extends Speakable {
    public void speak(String str) {
        System.out.print(str);
    }
}
```

C. ```
class People implements Speakable {
    public void speak(String str) {
        System.out.print(str);
    }
}
```

D. ```
class People implements Speakable {
    public String speak(String str) {
        return str;
    }
}
```

2. 下列程序的运行结果是( )。

```
interface InterfaceA {
```

```java
    String s ="Hello World!";
    void f();
}
class ClassA implements InterfaceA {
    public void f() {
        System.out.print(s);
    }
}
class ClassB {
    void g(InterfaceA a) {
    a.f();
    }
}
public class E {
    public static void main(String[] args) {
        ClassB b =new ClassB();
        b.g(new ClassA());
    }
}
```

A. Hello World!

B. 编译正确,但无运行结果

C. 编译错误：b.g(newClassA())

D. 以上都不对

3. 下列程序的运行结果是(　　　)。

```java
interface B {
    void f();
}
class A implements B {
    void f() {
        System.out.println("good");
    }
    public static void main(String[] args) {
        B b =new A();
        b.f();
    }
}
```

A. good   B. 执行错误

C. 编译错误   D. 以上都不对

4. 下列程序的运行结果是(　　　)。

```java
interface B {
    int MAX =100;
    void f();
```

```
    }
    class A implements B {
        public void f() {
            MAX =10;
            System.out.print(MAX);
        }
        public static void main(String[] args) {
            B b =new A();
            b.f();
        }
    }
```

A. 抛出异常   B. 编译错误
C. 100   D. 10

本 章 小 结

　　本章主要介绍抽象方法的概念;抽象类和抽象方法的关系;一个类如何成为抽象类;接口的概念以及其和抽象类之间的关系;接口中常量的访问;接口和类之间以及接口和接口之间的关系;接口回调的使用。

习　题　6

一、单选题
1. 下列程序的运行结果是(　　　)。

```
    abstract class A {
        void f() {
            System.out.print("good");
        }
    }
    class B extends A {
        public void f() {
            System.out.print("bad");
        }
        public static void main(String[] args) {
            A b =new B();
            b.f();
        }
    }
```

A. good   B. bad
C. 编译错误   D. 以上都不对
　2. 下面代码正确的是(　　　)。

```
```

A. ```
class Example {
    abstract void g();
}
```

B. ```
interface Example {
    void g() {
        System.out.print("hello");
    }
}
```

C. ```
abstract class Example {
    abstract void g() {
        System.out.print("hello");
    }
}
```

D. ```
abstract class Example {
    void g() {
        System.out.print("hello");
    }
}
```

3. 以下关于 abstract 的说法,正确的是(　　)。
   A. abstract 只能修饰类
   B. abstract 只能修饰方法
   C. abstract 类中必须有 abstract()方法
   D. abstract()方法所在的类必须用 abstract 修饰

4. 下列有关抽象类与接口的叙述中正确的是(　　)。
   A. 抽象类中必须有抽象方法,接口中也必须有抽象方法
   B. 抽象类中可以有非抽象方法,接口中也可以有非抽象方法
   C. 含有抽象方法的类必须是抽象类,接口中的方法必须是抽象方法
   D. 抽象类中的变量定义时必须初始化,而接口中不是

5. 使用 interface 声明接口时,使用的修饰符可以是(　　)。
   A. private   B. public
   C. protected   D. static

6. 关于继承的说法,正确的是(　　)。
   A. 类允许多重继承
   B. 接口允许多重继承
   C. 接口和类都允许多重继承
   D. 接口和类都不允许多重继承

7. 下面实现接口 Usable 的类是(　　)。

```
interface Usable {
    int use(int a);
```

```
        }
```

A.
```
class Human implements Usable {
    int use(int a) {
        return 1;
    }
}
```

B.
```
class Human extends Usable {
    public int use(int a) {
        return 1;
    }
}
```

C.
```
class Human implements Usable {
    public int use(int a) {
        return 1;
    }
}
```

D.
```
class Human implements Usable {
    public int use() {
        return 1;
    }
}
```

8.
```
public interface Flyable {
    float hight =10;
}
```

下列选项与以上接口中定义不等价的是（　　　）。

A. final float hight = 10;

B. private float hight = 10;

C. static float hight = 10;

D. public float hight = 10;

9. 下列程序的运行结果是（　　　）。

```
interface InterfaceA {
    int MAX =10;
}
class ClassA implements InterfaceA {
}
class ClassB extends ClassA {
}
public class E {
    public static void main(String[] args) {
        ClassB b =new ClassB();
        System.out.print(b. MAX);
```

```
        System.out.print(" " +ClassB.MAX);
        System.out.print(" " +ClassA.MAX);
        System.out.print(" " +InterfaceA.MAX);
    }
}
```

A. 编译错误：MAX 在类 ClassB 中没有定义

B. 编译错误：MAX 不能通过对象名 b 访问

C. 编译错误：MAX 不能通过接口名 InterfaceA 访问

D. 10 10 10 10

10. 下列程序的运行结果是( )。

```
interface InterfaceA {
    String s ="good ";
    void f();
}
abstract class ClassA {
    abstract void g();
}
class ClassB extends ClassA implements InterfaceA {
    void g() {
        System.out.print(s);
    }
    public void f() {
        System.out.print(" " +s);
    }
}
public class E {
    public static void main(String[] args) {
        ClassA a =new ClassB();
        InterfaceA b =new ClassB();
        a.g();
        b.f();
    }
}
```

A. 编译正确,但无运行结果

B. 编译错误：InterfaceA b = new ClassB();

C. good good

D. 抛出异常

二、简答题

1. 简述抽象类与抽象方法的关系。

2. 简述接口和抽象类的区别。

3. 简述接口中常量的访问方式。

4. 简述类与接口、接口与接口的关系。

5. 简述接口回调的概念。

三、编程题

1. 编写应用程序,要求实现如下类之间的继承关系:

(1) 编写抽象类 Instrument,使其只含有公有的抽象方法 void play()。

(2) 编写非抽象类 Wind 使其继承类 Instrument,再编写非抽象类 Brass,使其继承类 Instrument。

(3) 定义公有的主类 Music,其中包含静态方法 void tune(Instrument i),通过该方法可以令一切乐器演奏;在主方法中调用 tune()方法,令 Wind 和 Brass 演奏。

2. 按要求编写应用程序:

(1) 定义接口 Flyable,描述会飞的方法 public void fly()。

(2) 定义两个非抽象类:飞机类 Plane 和鸟类 Bird,分别实现 Flyable 接口。

(3) 定义主类 TestFly,测试飞机和鸟,在 main()方法中创建飞机对象和鸟对象,再定义类方法 void makeFly(CanFly f),让会飞的事物飞,并在 main()方法中调用该方法,让飞机和鸟起飞。

3. 用接口作参数,编写计算器,使其能完成加、减、乘、除运算。

(1) 定义接口 Compute,使其含有方法 int computer(int n, int m)。

(2) 设计 4 个类,分别实现此接口,完成加、减、乘、除运算。

(3) 设计类 UseCompute,类中含有方法 public void useCom(Compute com, int one, int two),此方法能够用传递过来的对象调用 computer()方法完成运算,并输出运算的结果。

(4) 设计主类 Test,调用 UseCompute 中的方法 useCom()完成加、减、乘、除运算。

4. 按如下要求编写应用程序。

(1) 编写用于表示战斗能力的接口 Fightable,该接口包含:整型常量 MAX;方法 void win(),用于描述战斗者获胜后的行为;方法 int injure(int x),用于描述战斗者受伤后的行为。

(2) 编写非抽象的战士类 Warrior,实现接口 Fightable。该类中包含两个整型变量:经验值 experience 和血液值 blood。当战士获胜后,经验值会增加,而战士受伤后血液值会减少 x,并且当战斗者的血液值低于 MAX 时会输出危险提示。

(3) 编写战士类 Warrior 的子类 BloodWarrior,该类创建的战士在血液值低于 MAX/2 时会输出危险提示。

5. 按如下要求编写应用程序:

(1) 编写接口 InterfaceA,接口中含有方法 void printCapitalLetter()。

(2) 编写接口 InterfaceB,接口中含有方法 void printLowercaseLetter()。

(3) 编写非抽象类 Print,该类实现了接口 InterfaceA 和 InterfaceB。要求 printCapitalLetter()方法实现输出大写英文字母表的功能,printLowercaseLetter()方法实现输出小写英文字母表的功能。

(4) 编写主类 Test,在 main()方法中创建 Print 的对象并赋值给 InterfaceA 的变量 a,由变量 a 调用 printCapitalLetter()方法,然后再创建 Print 的对象并将该对象赋值给 InterfaceB 的变量 b,由变量 b 调用 printLowercaseLetter()方法。

第 7 章　包与访问权限

知识要点：

1. 包

2. 访问权限修饰符

3. 内部类

4. 包装类

学习目标：

通过本章的学习，读者可以理解包的概念，了解常见系统包，内部类的使用，掌握包的创建和引入，访问权限修饰符的作用范围，包装类的概念和应用。

7.1　包

现实生活中存在各种各样的包，如书包、钱包等。书包是个容器，可以在里面放置学习文具以及课本等物品；钱包也是个容器，用来装现金、银行卡等；也可以在书包中放置钱包等体积较小的包。在 Java 语言中，包是一种容器，用来管理子包、类或者接口。

假设一本书放在桌面上，我们一眼就能看见，就可以直接拿起书，体验阅读的乐趣，如果这本书放在书包中时，我们就不会立刻看到书，还需要打开书包，拿出书后才能进行阅读。这里就是访问权限的问题。访问权限，顾名思义是用来限制访问，有权限就可以访问，没有权限就限制访问，包也是访问权限控制的一种机制。

类或者接口都需要有归属感，即都需要在包中创建，如果没有指定包时，系统会把创建的类或接口存放在默认包下面。不存在不属于任何包的类或者接口。包类似于操作系统中的文件夹，在同一级目录下不容许出现同名的包，在不同级目录下则容许出现；同一包中不容许出现同名的类或接口，在不同包中则容许出现。包像文件夹一样可以进行嵌套，被嵌套在包中的包称为子包。包名推荐使用小写字母表示。

7.1.1　包的创建

包的创建过程如下：

首先选中项目名，本书中的项目名称是 javaoo，然后右击，在弹出的快捷菜单中选择 New 选项，然后选择 package 选项，打开新建包窗体程序，在 Name 标识后填写包名，单击 Finish 按钮完成创建。默认包的创建路径是"javaoo/src"，如图 7-1 所示。创建包名是 a 的包，创建完毕后，在"javaoo/src"路径下就会多出包 a 的图标。

如果要创建包 a 下的子包 aa 时，创建过程和创建包的步骤类似，即选中刚创建的包 a，然后右击，在弹出的快捷菜单中选择 New 选项，然后选择 package 选项，填写子包名，单击 Finish 按钮完成创建，如图 7-2 所示。

在包中创建类或者接口的过程，和之前章节中创建类的方式一致，需要在指定的包下右

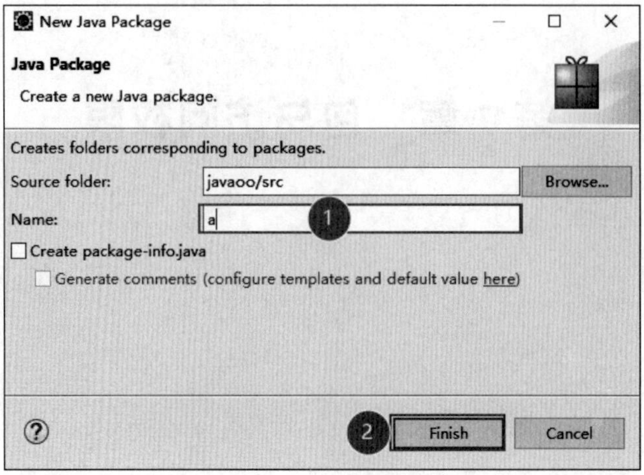

图 7-1　包的创建

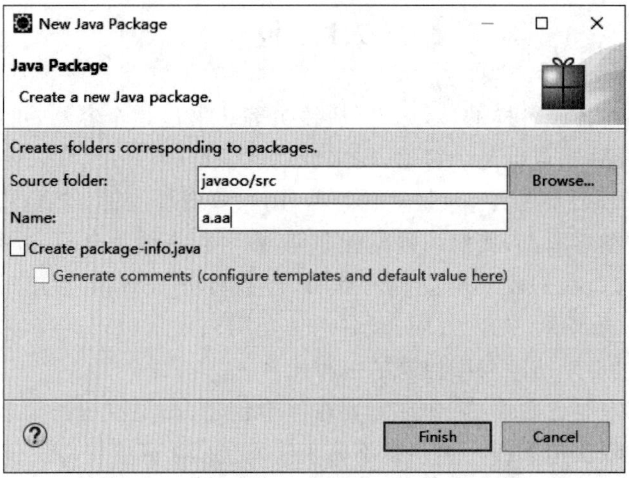

图 7-2　子包的创建

击,在弹出的快捷菜单中选择 New 选项,之后选中 class 或 interface 选项即可。

这时,在新创建的类或接口的源文件第 1 行会出现包声明的代码。包声明的格式如下:

```
package 包名;
package 包名.子包名;
```

例如:

```
package a;
package a.aa;
```

说明: package 是声明包的语句。包声明必须放在源文件的第 1 行(注释代码除外),如果源文件中没有 package 语句,那么代码中定义的类或者接口属于系统默认包(在 Eclipse 平台中默认包的名称是 default package)。

7.1.2　引入包中的成员

使用 import 语句可以引入已定义包中的类或接口。import 语句有两种用法：

① import 包名.[子包名].类名(或接口名)。

② import 包名.[子包名].*。

说明：第 1 种引用方式，1 次只可以引入 1 个类或者接口。

第 2 种方式中的"*"为通配符，表示可以引入包中的多个类或者接口，但是这种方式无法引入比"*"前的子包再低一级的子包中的类或接口。

【例 7-1】　引入包中的成员。

目录结构文字描述如下：

包 a 中有接口 Usb，包 a 的子包 aa 中有接口 Power，包 b 中有 Computer 类，该类想实现 Usb 和 Power 接口。由于有包的阻隔，Computer 类无法正常访问这两个接口，因此需要使用 import 语句，引入其他包中的接口。

Usb 接口

```
1  package a;
2  public interface Usb {
3      public final static double transSpeed=3.0;
4      public abstract void transData();
5  }
```

Power 接口

```
1  package a.aa;
2  public interface Power {
3      public final static int voltage=220;
4      public abstract void charge();
5  }
```

Computer 类的第 1 种引入方式

```
1  package b;
2  import a.Usb;
3  import a.aa.Power;
4  public class Computer implements Usb,Power {
5      public void transData() {
6          System.out.println("计算机在传输数据");
7      }
8      public void charge() {
9          System.out.println("计算机在充电");
10     }
11  }
```

Computer 类的第 2 种引入方式

```
1  package b;
```

```
2   import a.*;
3   import a.aa.*;
4   public class Computer implements Usb,Power {
5       public void transData() {
6           System.out.println("计算机在传输数据");
7       }
8       public void charge() {
9           System.out.println("计算机在充电");
10      }
11  }
```

说明：Computer 类的第 1 种引入方式，明确指出引入的包名和类名，一次只能引入一个类或者接口。

Computer 类的第 2 种引入方式，使用通配符"*"可以一次引入多个类或接口。

第 3 行的代码不能省略，如果省略，程序会出现编译错误，提示无法引入 Power 接口，其原因是 Power 接口是在子包 aa 中定义的，import a.* 无法引入子包 aa 中的成员，需要单独再使用 import 语句，引入子包中的内容。

7.1.3 源文件的完整结构

有了包机制后，Java 源文件的完整结构定义如下。
(1) 包声明语句。

package 包名[.子包名];

包声明语句在源文件中只能出现一次，而且必须在源文件第 1 行(注释语句除外)。
(2) 引包语句。

import 包名[.子包名].[类名(或接口名)|*];

引包语句在源文件中可以出现多次。
(3) 类或者接口的定义。
源文件中最多只能定义一个公有类或者公有接口，如果定义了公有类或者公有接口，源文件的名称必须与公有类或者公有接口的名称一致。
(4) 类体或接口体的定义。
类体中可以包括成员变量(实例变量和类变量)的定义，方法(构造方法、实例方法和类方法)的定义，匿名代码块的定义等。
接口体中可以包括常量和抽象方法的定义。

【例 7-2】 源文件的完整结构。

```
1   package b;
2   import a.*;
3   import a.aa.*;
4   public class Computer implements Usb,Power {
5       String sn;
6       static String  country="china";
```

```
7        public Computer(String sn) {
8            this.sn=sn;
9        }
10       public void transData() {
11           System.out.println("计算机在传输数据");
12       }
13       public void charge() {
14           System.out.println("计算机在充电");
15       }
16       public static void change() {
17           System.out.println("类方法");
18       }
19       {
20           System.out.println("实例代码块");
21       }
22       static {
23           System.out.println("类代码块");
24       }
25   }
```

7.1.4　常用系统包

为了方便对基本类库进行管理,并且辅助程序员方便、快捷地开发应用程序,Java 语言提供了 100 多个系统包。常用的系统包如下所示。

1. java.lang

该包是运行 Java 程序必不可少的系统包,其中包含编程需要的一些基础类或接口,如 System 类、Object 类等。系统自动引入 java.lang 包中的所有的类或接口,不需要显式使用 import 导入语句。

2. java.util

该包中有常用的工具类,以及数据结构类或接口,如随机数、日期、日历、列表和散列表等。

3. java.awt

该包中有创建图形用户界面的全部工具类或接口,如窗口、对话框等。

4. java.io

该包中有所有与输入或者输出相关的类或接口,如文件、字节输入输出流、字符输入输出流、缓冲流与对象读写流等。

5. java.net

该包中有所有与实现网络功能相关的类或接口,如访问网上资源的 URL 类,用于通信的 Socket 类、ServerSocket 类和网络协议类等。

6. java.sql

该包中提供了与数据库应用相关的类或接口。

7.2 访问权限修饰符

访问权限修饰符是用来控制类、接口及其中的成员是否可以被访问(可见性)的修饰符,其是面向对象程序设计中封装性的一种体现。访问权限修饰符有 4 种,分别是 public(公有)、protected(受保护)、默认(或友好)及 private(私有)。

修饰符按照可访问的范围大小排序如下:

```
public>protected >默认>private
```

说明:public 的访问权限范围最大,而 private 的访问权限范围最小。

如图 7-3 所示,在 Account 银行账户类中可以访问所有成员和方法,不受访问权限修饰符限制,即访问权限修饰符在类内不起作用。访问权限修饰符主要用来限制类中成员如何在类外访问。在 Account 类外无法访问 private 的属性 password 及 balance。

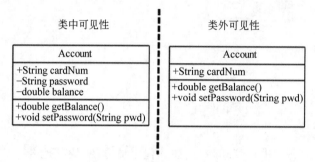

图 7-3 访问权限示意图

7.2.1 公有修饰符和私有修饰符

公有修饰符 public 拥有最大的访问权限,表示其可见性完全开放,没有任何限制。私有修饰符 private 拥有最小的访问权限,限制类外的访问,它修饰的成员只对自己类中的成员可见。

通常情况下,把成员变量设置为 private,让其他类不能直接访问,如果要访问,需要通过 public()方法访问,以达到保护成员变量的目的,这也是封装性最直接的体现。就像汽车的内部由上万乃至几十万个零部件组成,这些零部件大部分对用户都不可见(private),但是用户却可以通过方向盘、油门和刹车等可见的方式(public)操纵汽车运行。

因为上述定义方式的使用过于普遍,所以 Eclipse 集成开发平台提供了快速针对私有成员自动生成公有访问方法的功能,具体操作步骤如下:

在类体中找到自动生成代码待插入的位置后,在菜单区中选择 Source 选项下的 Generate Getters and Setters,勾选私有成员,单击 Generate 按钮,如图 7-4 所示。

自动生成的代码如例 7-3 所示。

【例 7-3】 公有和私有访问权限的使用。

```
1  public class Account{
```

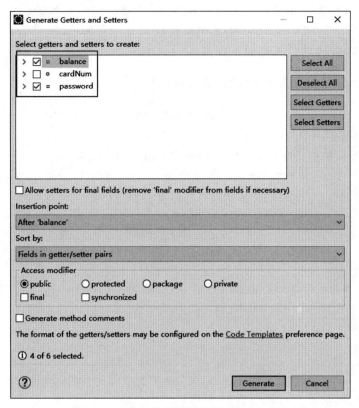

图 7-4　自动生成访问私有成员的公有方法

```
2      public String cardNum;
3      private String password;
4      private double balance;
5      public String getPassword() {
6          return password;
7      }
8      public void setPassword(String password) {
9          this.password =password;
10     }
11     public double getBalance() {
12         return balance;
13     }
14     public void setBalance(double balance) {
15         this.balance =balance;
16     }
17  }
```

代码解释：

针对每个私有成员自动生成两个公有方法与之对应,分别是 setXXX( )和 getXXX( )方法。setXXX( )方法通常为私有成员赋值,所以必须有参数,不必有返回类型,如第 8～10

行,用参数 password 为实例变量 password 赋值,由于参数名和实例变量同名,故第 9 行的 "this."不能省略;而 getXXX()方法通常用来获取私有成员的值,所以需要有返回类型和 return 语句,如第 5～7 行返回实例变量 password 的值。

7.2.2 默认的访问权限和受保护的访问权限

当类、接口及其成员前没有访问权限修饰符时,就是默认的访问权限。默认访问权限修饰的内容只可以在同一个包中访问。

protected 受保护的访问权限比默认访问权限的范围稍微大一些,它的表述是:在具有继承关系的父、子类中,父类和子类在不同包中定义,子类对象可以在子类中访问父类中定义为受保护的成员。(父类对象无法访问自己的受保护成员)

【例 7-4】 默认和受保护访问权限的使用。

Father 类

```
1   package a;
2   public class Father {
3       protected double heritage=1000000000;
4   //  Father(){}
5   }
```

Son 类

```
1   package b;
2   import a.Father;
3   public class Son extends Father {
4       public static void main(String[] args) {
5           Son s=new Son();
6           System.out.println(s.heritage);
7           Father f=new Father();
8   //      f.heritage
9       }
10  }
```

Test 类

```
1   package b;
2   public class Test {
3       public static void main(String[] args) {
4           Son s=new Son();
5   //      s.heritage
6       }
7   }
```

代码解释:

Father 类在包 a 中,Son 类和 Test 类在包 b 中。

Father 类中的第 4 行如果没有注释,Son 类会出现编译错误。import 语句可以引入包

a 中的父类 Father 类,原因是 Father 类前的修饰符是 public,在任何地方可以访问,但是类能够访问,不一定类中的成员就可以访问。编译错误的原因是在 Son 类的构造方法中默认会使用 super()调用父类的空构造方法,而父类中的空构造方法无法访问,所以编译错误。注释第 4 行后,由于 Father 类中没有自己定义的构造方法,系统会自动为该类添加默认的空构造方法,而默认的空构造方法的访问权限和类访问权限是一样的,即 public,这个时候子类就可以访问该构造方法,程序就不会出现编译错误,由此说明默认访问权限修饰符只可以在同一个包中访问。

Son 类中第 6 行,在子类内部的方法中,子类对象 s 可以访问父类中继承过来的受保护成员变量 heritage,而父类对象 f 却不可以访问自己定义的受保护的成员。

Test 类中,子类也无法访问父类中继承过来的受保护的成员变量。

7.2.3　重新认识方法重写

学习了访问权限修饰符后,下面重新认识方法重写。

方法重写最初的定义为:当子类和父类中拥有同样的实例方法时,即方法的访问权限修饰符、返回数据类型、方法名、参数列表相同时称为方法重写。

方法重写重新定义后为:在子类和父类中,方法名、参数列表、返回数据类型相同,子类方法的访问权限必须不小于(大于或等于)父类方法的访问权限。

【例 7-5】　方法重写。

Father 类

```
1   public class Father {
2       void oneDream() {
3           System.out.println("Father 类中的 oneDream()方法");
4       }
5   }
```

Son 类

```
1   public class Son extends Father {
2       public void oneDream() {
3           System.out.println("Son 类中的 oneDream()方法");
4       }
5   }
```

代码解释:

因为 public 修饰符的访问范围比默认访问范围大,所以程序正常通过编译。请读者试着将 Son 类中 oneDream()方法前的 public 改为 private,这时程序会出现编译错误。编译错误的原因是:子类重写方法的访问权限小于父类方法的访问权限。

7.2.4　访问权限修饰符的使用

下面总结一下访问权限修饰符的使用,如表 7-1 所示。

表 7-1 访问权限修饰符的使用

位　　置	权　　　　限			
	private	默认	protected	public
类内部	√	√	√	√
同包无继承关系类		√	√	√
同包子类		√	√	√
不同包子类			√	√
不同包无继承关系类				√

说明：

① 类和接口中可以使用的访问权限修饰符有 public 和默认。

② 类和接口中成员变量和方法使用的访问权限修饰符有 public、protected、默认及 private。

③ 内部类作为类中的成员出现，其类前的访问权限修饰符同②。

课堂练习 1

1. 下列程序的运行结果是(　　　)。

```
package a;
package b;
public class Feeling {
    public static void main(String args[]) {
        System.out.println("今天天气不错!");
    }
}
```

    A. 出现编译错误   B. 今天天气不错!

    C. 通过编译,运行时出错   D. 以上都不对

2. 在源文件中默认引入的系统包是(　　　)。

    A. java.io   B. java.lang

    C. java.net   D. java.util

3. 下面关于包的陈述中正确的是(　　　)。

    A. 包的声明必须是源文件的第一行代码,前面连注释也不能写

    B. 包的声明必须紧跟在 import 语句的后面

    C. 只有公共类才能放在包中

    D. 可以将多个类放在同 1 个包中

4. 以下说法中错误的是(　　　)。

    A. 私有访问权限只可以在自己类中访问

    B. 默认访问权限可以在同包中访问

C. 默认访问权限的访问范围比受保护权限的范围大

D. 公有访问权限不受访问限制

5. 在类 E 的方法 oper()中,不可以通过对象 t 操作的变量是(　　)。

```
public class Test {
    private int i =10;
    public int j =20;
    int k =30;
}
class E {
    void oper() {
        Test t =new Test();
    }
}
```

A. i

B. j 和 k

C. j

D. k

7.3　内　部　类

内部类

从之前的章节了解到,类的成员包括成员变量、方法、匿名代码块。实际上,类的成员还可以包括其他类,这个被嵌套在类中的类称为内部类。包含内部类的类称为外部类。

根据内部类在外部类中出现的位置,以及是否有 static 修饰符,可以分为实例内部类、静态内部类、局部内部类以及匿名内部类 4 种。

7.3.1　实例内部类

实例内部类作为外部类中的实例成员使用,是在外部类中并且在其他方法外定义的非 static 修饰的内部类。普通类的访问权限修饰符只能是 public 和默认,而实例内部类作为类的实例成员,可以使用所有 4 种访问权限修饰符。

实例内部类的方法可以直接访问外部类中的成员(包括私有成员),而且不用实例化外部类对象;反之则不行,外部类访问实例内部类的成员时,必须先实例化内部类对象,之后通过"内部类对象."的方式访问。实例内部类的使用见例 7-6。

【例 7-6】 实例内部类。

```
//Outer 类
1  public class Outer {
2      private int varOuter =10;
3  //Inner 类
4      private class Inner {
5          int varInner =20;
6
7          public void showOuter() {
8              System.out.println("varOuter:" +varOuter);
```

```
 9            }
10        }
11
12        public void showInner() {
13            Inner i =new Inner();
14            System.out.println("varInner:" +i.varInner);
15        }
16
17        public static void main(String[] args) {
18            Outer outer =new Outer();
19            outer.showInner();
20            outer.new Inner().showOuter();
21        }
22  }
```

运行结果：

```
varInner:20
varOuter:10
```

代码解释：

第 2 行在外部类 Outer 中定义私有的实例变量 varOuter；第 4～10 行定义私有的实例内部类 Inner，第 12～21 行定义实例方法 showInner()以及类方法 main()。

在内部类 Inner 中定义了默认访问权限修饰符的实例变量 varInner，以及公有的实例方法 showOuter()。

第 4 行的实例内部类作为类中的实例成员使用，可以使用所有的 4 种访问权限修饰，包括 private。

第 7～9 行在实例内部类中可以访问外部类中除了构造方法以外的任何成员，包括私有成员。

第 12～15 行在外部类的实例方法中，为了访问内部类中的成员变量，需要先产生内部类对象，之后通过"对象名.成员变量"的方式访问。

第 20 行在外部类的类方法中，为了访问内部类中的方法，也需要先产生内部类对象，之后通过"对象名.方法名"的方式访问。

如果在其他类中，能否直接通过创建内部类对象的方式访问内部类中的成员？见下面的例子。

Test 类

```
1  public class Test {
2      public static void main(String[] args) {
3          Outer outer=new Outer();
4          outer.showInner();
5  //      outer.new Inner().showOuter();
6      }
7  }
```

运行结果:

```
varInner:20
```

代码解释:

第 4 行可以通过外部类"对象名.实例方法()"调用的方式间接访问内部类,但是因为内部类是私有的访问权限修饰符,所以第 5 行在其他类 Test 中无法直接访问类中的私有成员(包括私有内部类),会出现编译错误。

如果把 Outer 类中的 private class Inner 改为 class Inner 或者使用一个比私有访问权限大的修饰符,则 Test 类中的第 5 行就可以成功访问,请读者自行实验一下。

如果内部类和外部类中都定义了同名的实例变量,那么内部类就可以访问这两个变量,但是按照就近原则,会优先使用自己定义的实例变量。为了输出外部类中同名的实例变量,通常使用"Outer.this.实例变量"的方式访问。

【例 7-7】 访问实例内部类和外部类中同名的实例变量。

```
1  public class Outer {
2      private int varOuter =10;
3      private int a =66;
4      class Inner {
5          int varInner =20;
6          int a =88;
7          public void showOuter() {
8              System.out.println(varOuter);        //10
9              System.out.println(a);               //88
10             System.out.println(Outer.this.a);    //66
11         }
12     }
13     public void showInner() {
14         Inner i =new Inner();
15         i.showOuter();
16     }
17     public static void main(String[] args) {
18         Outer o =new Outer();
19         o.showInner();
20     }
21 }
```

运行结果:见每条语句的单行注释。

7.3.2 静态内部类

当内部类前用 static 修饰符修饰时,称为静态内部类。静态内部类的使用方式与类方法的使用方式相似。

静态内部类和实例内部类的区别如下:

① 静态内部类作为外部类的类成员,不能直接访问外部类中的实例成员。

② 实例内部类只能定义实例成员(实例变量或实例方法),而静态内部类可以定义实例成员和类成员。

【例7-8】 静态内部类的使用。

```
1  public class Outer {
2      private int a =10;
3      private static int b=20;
4      static class Inner {
5          int c =30;
6          public void showOuter() {
7          //  System.out.println(a);
8              System.out.println(b);     //20
9          }
10     }
11     public void showInner() {
12         Inner i =new Inner();
13         System.out.println(i.c);       //30
14     }
15     public static void main(String[] args) {
16         Outer outer =new Outer();
17         outer.showInner();
18         Outer.Inner inner=new Outer.Inner();
19         inner.showOuter();
20     }
21 }
```

运行结果：见每条语句的单行注释。

代码解释：

因为 Inner 类是静态内部类,它只可以直接访问外部类中的类变量和类方法,所以第7行会出现编译错误,而第8行可以正确访问。

第11～14行对于外部类中的实例方法 showInner(),可以通过产生内部类对象的方式,访问内部类中的实例变量。

第18行是在外部类中产生静态内部类对象的固定写法。

7.3.3 局部内部类

定义在外部类方法中的内部类称为局部内部类。局部内部类类似于局部变量,只可以在方法内使用。

【例7-9】 局部内部类的使用。

```
1  public class Outer {
2      public int a =10;
3      private int b =20;
4      public void show() {
5          int c =30;
```

```
6          class Inner {
7              private void get() {
8                  System.out.println(a+" "+b+" "+c);
9                  }
10         }
11         new Inner().get();
12     }
13     public static void main(String[] args) {
14         Outer out=new Outer();
15         out.show();
16     }
17 }
```

运行结果：

10 20 30

代码解释：

局部内部类只可以在方法内创建对象，并调用内部类中的成员。局部内部类可以访问方法内以及外部类中的所有成员变量。

7.3.4　匿名内部类

匿名内部类是一种特殊的内部类，通常在事件处理的时候使用。该内部类对象只能使用一次。

匿名内部类的使用方式如下：

new Super_type(参数列表){方法};

说明：这里的 Super_type 可以是类或者接口。如果是接口，在该匿名内部类中必须实现该接口中的所有方法；如果是类，匿名内部类自动作为该类的子类使用。

【例 7-10】　匿名内部类的使用。

```
1  btn.addWindowListener(new WindowAdapter(){
2      public void windowClosing(WindowEvent e)
3      {
4          System.out.println ("windowClosing!");
5          System.exit(0);
6      }
7  });
```

代码解释：

图形化编程 awt 包中提供了很多适配器（Adapter）类，WindowAdapter 是窗体适配器类，该类中有 windowClosing()方法用来关闭窗体。

在本例中通过使用匿名内部类的方式，让窗体只能关闭 1 次。btn 是按钮对象，代码的原意是通过单击按钮对象关闭窗体。

7.4　包　装　类

数据类型可以分为两大类：基本数据类型，以及基本数据类型以外的数据类型，即引用类型。引用类型以对象为例，可以通过"对象名."的方式访问成员变量或方法，但是基本数据类型不可以这样使用。

Java 语言在设计时的初衷是"万物皆对象"，为了让 8 个基本数据类型也能像引用类型一样使用，于是就产生了与基本数据类型对应的 8 个类，这 8 个类称为包装类。

基本数据类型与包装类的对应关系如表 7-2 所示。包装类都在 java.lang 包中定义，除了 int 类型对应 Integer 类，char 类型对应 Character 类外，其他包装类名都是在基本数据类型名基础上把首字符变成大写得到的。

表 7-2　基本数据类型与包装类的对应关系

序　号	基本数据类型	包　装　类
1	byte	java.lang.Byte
2	short	java.lang.Short
3	int	java.lang.Integer
4	long	java.lang.Long
5	float	java.lang.Float
6	double	java.lang.Double
7	char	java.lang.Character
8	boolean	java.lang.Boolean

在功能上，包装类能够完成数据类型之间（除 boolean 类型外）的相互转换，特别是基本数据类型和 String 类型的转换。例如，在 JSP 网站编程中经常使用网页提交数据，大部分网页提交的数据都以 String 类型传输到后台服务器（包括有些在网页中看似整型或浮点型的数据），在服务器中为了能够使用原始数据参与运算，需要把 String 类型转换为相应的基本数据类型，这时就需要使用包装类完成转换。

7.4.1　基本数据类型与包装类的互转

包装类对基本数据类型进行包装，基本数据类型的值都会被包装类的实例变量接收，同时包装类中还会增加一些新的成员变量和方法。

包装类都有对应的构造方法，能够把基本数据类型转换为包装类类型。

```
public Byte(byte value)
public Short(short value)
public Integer(int value)
public Long(long value)
public Float(float value)
public Double(double value)
```

```
public Character(char value)
public Boolean(boolean value)
```

例如：

```
int x=10;
Integer y=new Integer(x);
Integer z=new Integer(10);
```

包装类中提供以下方法可以把包装类类型转换为基本数据类型。

```
public byte byteValue()
public short shortValue()
public int intValue()
public long longValue()
public float floatValue()
public double doubleValue()
public char charValue()
public boolean booleanValue()
```

例如：

```
Integer x=new Integer(10);
int y=x.intValue();
```

为了简化基本数据类型与包装类的互转步骤，在 JDK 1.5 版本中增加了它们之间的自动转换机制，基本数据类型自动转换为包装类称为自动装箱（autoboxing），包装类自动转换为基本数据类型称为自动拆箱（unboxing）。如果再使用前面的转换方式时，方法上会有一条横贯线，表示该方法已经是过时方法，不推荐使用，只作为包装类的发展过程了解即可。

【例 7-11】 基本数据类型与包装类的自动互转。

```
1  public class Test {
2      public static void main(String[] args) {
3          Integer x =10;
4          int y =20;
5          Integer z =x +y;
6          System.out.println(z);
7      }
8  }
```

运行结果：

30

7.4.2 基本数据类型与字符串类的互转

在实际编程中，基本数据类型与字符串类的互转使用非常频繁。基本数据类型转换为字符串类较为容易，只连接空字符串就可以转换。本节重点了解字符串如何转换为基本数据类型，其转换格式为：

```
public static type parseType(String s)
```

说明：该方法是类方法，在类外只可以使用"类名."的方式调用，Type 为特定转换的基本数据类型。

例如：

```
public static int parseInt(String s)
```

字符串转换为基本数据类型的前提条件是：当字符串去除掉左右两边的""后，其中的数据是基本数据类型时才可以转换，否则会出现 NumberFormatException 数字格式异常错误。

例如，字符串"3.14"可以转换为浮点数 3.14，而字符串"3w"则无法转换为基本数据类型。

【例 7-12】 基本数据类型与字符串类的互转。

```
1  public class Test {
2      public static void main(String[] args) {
3          String x="3.14";
4          String y="10";
5          String z="3w";
6          double a=Double.parseDouble(x);
7          int b=Integer.parseInt(y);
8          System.out.println(a+" "+b);
9          int c=Integer.parseInt(z);
10         System.out.println(c);
11     }
12 }
```

运行结果：

```
3.14  10
Exception in thread "main" java.lang.NumberFormatException: For input string: "3w"
```

代码解释：

第 6、7 行分别使用包装类中的方法，把字符串转换为对应的基本数据类型。

第 9 行在编译时不会出现错误，因为在语法上容许这种方式转换。当程序运行时，才会判断这种转换方式在逻辑上是否能够成功，如果不成功，则会抛出 NumberFormatException 数字格式异常。

7.4.3 包装类中的方法重写

1. equals()方法

包装类是 Object 类的子类，Object 类中的 equals()方法原意是比较两个引用类型变量的地址是否相等，而包装类对 Object 中的 equals()方法进行了方法重写，重写后的 equals()方法不再比较地址，而是比较被包装的基本数据类型的值是否相等。

2. toString()方法

Object 类中的 toString()方法原意是以字符串形式返回对象在内存中的地址，格式为

"类名@十六进制哈希码",而包装类对 Object 类的 toString()方法也进行了方法重写,重写后的 toString()方法返回包装类中基本数据类型数的字符串形式。

【例 7-13】 包装类对 Object 类的方法重写。

```
1   public class Test {
2       public static void main(String[] args) {
3           Integer x=10;
4           Integer y=10;
5           Test t1=new Test();
6           Test t2=new Test();
7           System.out.println(x==y);
8           System.out.println(x.equals(y));
9           System.out.println(t1==t2);
10          System.out.println(t1.equals(t2));
11          System.out.println(x.toString());
12          System.out.println(t1.toString());
13      }
14  }
```

运行结果:

```
true
true
false
false
10
Test@2f92e0f4
```

代码解释:

第 3、4 行定义了两个包装类类型的变量 x 和 y,并赋值 10。

第 5、6 行产生了两个 Test 对象 t1 和 t2。x,y,t1,t2 都是引用类型的变量。

第 7 行包装类无论是运算符"=="还是 equals()方法,比较的都是值,因此结果都是 true,而 Test 类中没有重写 Object 类中的方法,比较的是地址,因此结果都是 false。

第 11 行因为包装类对 Object 类中的 toString()进行了方法重写,所以输出的是字符串"10",默认""在控制台不输出。

第 12 行因为 Test 类没有重写 toString()方法,所以输出用字符串表示的内存地址。

7.4.4　Character 类

Character 类是基本数据类型 char 的包装类,需要和字符串类 String 区别。Character 类表示一个字符数据,而 String 类表示多个字符数据。

Character 类中还包含一些对字符数据进行操作的类方法,例如:

public static char toLowerCase(char c)返回 c 的小写形式。

public static char toUpperCase(char c)返回 c 的大写形式。

public static boolean isLowerCase(char c)如果 c 是小写字母,则方法返回 true,否则返

回 false。

public static boolean isUpperCase(char c)如果 c 是大写字母,则方法返回 true,否则返回 false。

【例 7-14】 Character 类的使用。

```
1  public class Test {
2      public static void main(String[] args) {
3          Character x='A';
4      //  Character x='AB';
5          if(Character.isLowerCase(x))
6              x=Character.toUpperCase(x);
7          else if(Character.isUpperCase(x))
8              x=Character.toLowerCase(x);
9          System.out.println(x);
10     }
11  }
```

运行结果:

a

代码解释:

第 4 行编译错误,因为 Character 类型只能表示一个字符。表示多个字符时,应该使用 String 类型。

第 5~8 行实现大小写字符的相互转换。

课堂练习 2

1. 关于内部类的描述,错误的是(　　)。

   A. 内部类的访问权限只可以是 public 或默认权限

   B. 内部类可以定义在外部类的方法中

   C. 内部类可以访问外部类中的私有成员

   D. 方法内定义的内部类只可以在方法中使用

2. 下面(　　)选项可以在程序对应位置产生内部类对象。

```
public class Outer{
    public void someOuterMethod() {
        // Line 3
    }
    public class Inner{ }
    public static void main( String[]argv ) {
        Outer o =new Outer();
        // Line 8
    }
}
```

A. new Inner(); // At line 3   B. new Inner();   // At line 8
C. new o.Inner(); // At line 8   D. new Outer.Inner();   // At line 8

3. 下面(   )选项可以在对应位置产生内部类对象。

```
class EnclosingOne {
    public class InsideOne { }
}
public class InnerTest {
    public static void main(String[] args) {
        EnclosingOne eo =new EnclosingOne();
        // insert code here
    }
}
```

A. InsideOne ei = eo.new InsideOne();

B. eo.InsideOne ei = eo.new InsideOne();

C. InsideOne ei = EnclosingOne.new InsideOne();

D. EnclosingOne.InsideOne ei = eo.new InsideOne();

4. 下面关于包装类的说法正确的是(   )。

A. 包装类可以包装任何数据类型

B. 基本数据类型 int 的包装类是 Int 类

C. 包装类可以实现基本数据类型与字符串之间的转换

D. 包装类没有父类

5. 可以把下面字符串转换为 float 类型的是(   )。

```
String str ="3.14159";
```

A. float value = new Float(str);

B. float value = Float.parseFloat(str);

C. float value = Float.floatValue(str);

D. float value = (new Float()).parseFloat(str);

本 章 小 结

本章主要介绍了包的基本概念;如何引用包中的成员;4 种访问权限修饰符以及作用范围;方法重写;内部类的分类以及使用;包装类的概念以及使用,特别是利用包装类实现基本数据类型与 String 类的转换。

习　题　7

一、单选题

1. 关于被 private 修饰的成员变量,以下说法正确的是(   )。

A. 可以被三种类访问:该类自身、与它在同一个包中的其他类、在其他包中的该类

的子类

  B. 可以被两种类访问：该类本身、该类的所有子类

  C. 只能被该类自身访问

  D. 只能被同一个包中的类访问

2. 不是访问权限修饰符的是( )。

  A. static   B. public

  C. protected   D. private

3. 在类 Two 的方法 test()中,可以通过对象 o 操作的变量是( )。

```
package a;
public class One {
    private int i =1;
    public int j =2;
    int k =3;
}
package b;
import a.One;
class Two {
    void test() {
        One o =new One();
    }
}
```

  A. i   B. i 和 k

  C. j   D. k

4. 哪种访问组合可放在第 3 行的 aMethod 前和第 8 行的 aMethod 前？( )

```
class SuperDuper
{
    void aMethod()  { }    //line 3
}

class Sub extends SuperDuper
{
    void aMethod() { }    //line 8
}
```

  A. line 3：public；line 8：private

  B. line 3：protected；line 8：private

  C. line 3：private；line 8：protected

  D. line 3：public；line 8：protected

5. 在子类 Child 的方法 f()中不可以操作的变量是( )。

```
class parent{
    private int i=20;
    protected int j=30;
```

```
        public int k=40;
        int h=50;
    }
class Child extends Parent {
    void f(){    }
}
```

A. i   B. j   C. k   D. h

6. 在子类 Child 的方法 f()中可以操作的变量是(   )。

```
package a;
public class Parent{
    private int i=20;
    protected int j=30;
    int k=40;
    private int h=50;
}
package b;
import a.*;
class Child extends Parent {
    void f(){    }
}
```

A. i   B. j   C. k   D. h

7. 下列选项中正确的是(   )。

```
int n =Integer.parseInt( "1234five" );
System.out.println("n =" +n);
```

A. 编译错误   B. n ＝ 1234；
C. n ＝ 12345；   D. 抛出异常

8. 修饰符(   )修饰的方法只可以在同一个包中可见。
   A. protected   B. public   C. private   D. 默认

9. 关于包装类的说法,正确的是(   )。
   A. 包装类和基本数据类型之间无法转换
   B. 包装类中的 equals()方法比较的是地址是否相等
   C. 包装类中的 equals()方法比较的是包装的基本数据类型值是否相等
   D. 包装类中的 toString()方法的功能与 Object 类中的 toString()方法的功能相同

二、简答题

1. 简述包的作用以及如何引入包中的类。
2. 简述 4 种访问权限修饰符的区别。
3. 简述内部类的种类。
4. 简述包装类的作用和常用方法。

三、编程题

1. 在包 com 中定义啤酒类,具有属性：名称,具有功能：饮用和烹饪。在包 com.db 中定义巧克力类,具有属性:品牌,具有功能:品尝和寓意。在包 one 中定义主类 TestFood,分别创建啤酒和巧克力的对象,并测试其方法。

2. 新建包 one 和 two。在包 one 中新建一个类 Computer,在类 Computer 中编写两个类方法:一个用于求两个正整数的最大公约数;另一个用于求两个正整数的最小公倍数。在包 two 中新建一个主类 TestComputer,调用类 Computer 中的两个方法,求两个正整数的最大公约数和最小公倍数。

3. 在包 one 中定义一个类 Plus,有一个 long add(int m)方法,用来求 $1 + 2 + \cdots + m$ 的和。在包 two 中定义一个类 Product,有一个 long multiply(int n)方法,用来求 $n!$ 的结果。在包 three 中定义一个主类 C,调用 Plus、Product 中的方法输出 $1 + 2 + \cdots + 30$ 的和,以及 10! 的计算结果。

4. 按要求编写 Java 应用程序:

(1) 创建项目 chapter3,在该项目下创建包 one 和 two。在 one 下定义类 A 和类 B。在包 two 下定义类 B 和类 C。在 one.B 的 main()方法中创建类 A 的对象 a。在 two.C 的 main()方法中创建类 A 的对象 a。

(2) 在 two.B 中添加方法 f(),定义如下:

```
public void f(){
    System.out.println("Happy every day.");
}
```

在 two.C 中创建 two.B 的对象 b,并调用方法 f()。

(3) 在类 A 中添加四个成员变量:int 型的私有变量 i;float 型的变量 f;char 型的受保护变量 c;double 型的公有变量 d。

在 one.B 的 main()方法中为对象 a 的成员变量 f 和 d 分别赋值为 2 和 3。

在 two.C 的 main()方法中为对象 a 的成员变量 d 赋值为 4。

5. 在包 a 中编写类 Father,具有属性:年龄(私有)、姓名(公有);

具有功能:工作(公有)、开车(公有)。

在包 a 中编写子类 Son,具有属性:年龄(受保护的)、姓名;

具有功能:玩(私有)、学习(公有)。

最后在包 b 中编写主类 Test,在主类的 main()方法中测试类 Father 与类 Son。

第8章 异常处理

知识要点:

1. 异常简介

2. 异常处理机制

3. 自定义异常类

学习目标:

通过本章的学习,使学生可以理解并掌握异常的概念与异常类的层次结构;异常的产生和常见的异常类;异常的处理机制;自定义异常类的定义和使用。

8.1 异常简介

异常简介

在程序编译与运行过程中,可能会遇到一些非正常的状况,例如数组下标越界、类型转换错误、文件读写时找不到指定的路径、数据库操作时连接不到服务器等,此时程序无法正常运行,这种非正常状况对程序来说就是异常(exception)。Java 语言提供了一套完整的异常处理机制,用来保证程序的连续性、安全性和稳健性。

在学习 Java 语言特点时,知道其具有编译和解析性(两个阶段),即源文件首先需要通过编译器转换成称为字节码的"中间代码",然后字节码文件在 Java 虚拟机(JVM)上解释执行。在这两个阶段可能出现各种错误,分别称为编译错误和运行时错误。

8.1.1 编译错误

编译错误是指程序在编译阶段出现的错误。编译错误主要是由于代码不满足语法规则而引起,编译器会给出每个编译错误的错误位置与相关错误信息。没有编译错误是每个程序可正常运行的最基本条件,因为只有编译错误改正后,程序才能被编译成正确的字节码文件。

常见的编译错误有:

① 拼写错误。例如:class 错误写成 closs,break 错误写成 berak,0(零)和 O(大小写字母 o)混淆,1(数字)和 l(小写字母 l)等。

② 没有区分大小写。例如:for 错误写成 For,String 错误写成 string 等。

③ 括号不匹配,包括[],{}和()。例如:缺少或多括号等。

④ 标点符号错误。标点符号都是英文输入法下的标点符号,错误写成中文状态下的标点符号。

⑤ 局部变量在使用前没有初始化。

⑥ 父类中没有空构造方法,子类中会出现编译错误。

⑦ 含有抽象方法的类,又没有用 abstract 修饰符修饰等。

在 Eclipse 平台中,编译错误的表现为:程序所在行的红"×"符号或代码错误处的红色波浪线,如图 8-1 所示。

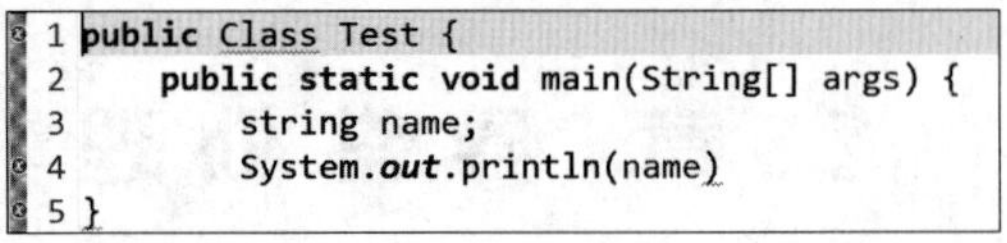

图 8-1 编译错误

解释说明:

Eclipse 平台有时只会提示部分错误信息,因为在编程的过程中有时会出现修改一处错误后,后面的错误就会自动消失的情况;也有可能修改一处错误后,又会出现新的编译错误,这就需要程序员灵活掌握,逐一排查和处理。图 8-1 中共有 5 处错误,分别如下。

① 第 1 行 class 错误写成 Class。

② 第 3 行 String 错误写成 string。

③ 局部变量 name 没有赋初值。

④ 程序末尾缺少";"。

⑤ 缺少 1 个 "}"。

8.1.2 运行时错误

运行时错误是程序在被解释运行时产生的错误。运行时错误可以按照错误修复的难易程度分为大错误(Error)和小错误(Exception)。

1. 大错误

例如虚拟机内存用尽、堆栈溢出等,一般情况下这种错误都是灾难性的,没有必要使用异常处理机制。

2. 小错误(运行时异常)

例如数组下标越界、空指针异常等,读者可以通过异常处理机制处理,保证程序的连贯性。先对有可能出现问题的代码作标识,等程序运行完后,再回来处理这些问题。

在 Eclipse 中,运行时错误会在控制台用红色字体显示出来,如图 8-2 所示。

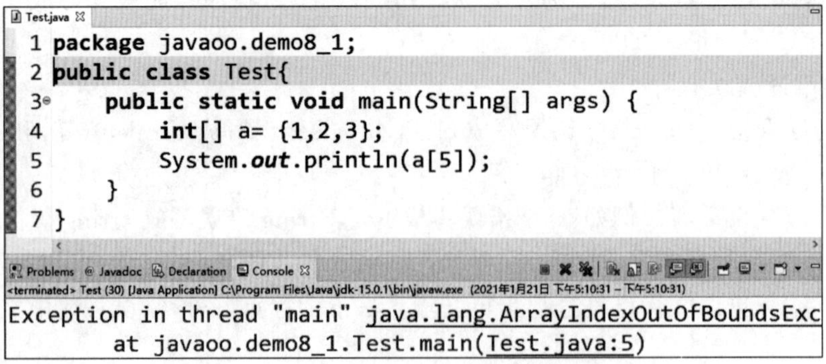

图 8-2 运行时异常

解释说明:

数组 a 中有 3 个元素,索引位置从 0 开始,只能访问到 a[2],而在编译阶段只是判断使用"数组名[索引]"的语法是否正确,若正确,则通过编译;在运行时才会判断a[5]的合理性问题,因为a[5]不存在,所以程序出现运行时异常,并且提示异常发生在源文件的第5行。

由于异常信息比较长,因此图 8-2 中控制台信息没有显示完整,完整的信息如下:

```
Exception in thread "main" java.lang.ArrayIndexOutOfBoundsException: Index 5 out
of bounds for length 3
    at javaoo.demo8_1.Test.main(Test.Java:5)
```

8.1.3 异常类的层次结构

异常也采用了面向对象的设计思想,使用类描述,称为异常类,所有的异常类都有一个共同的父类 Exception,而 Exception 类又作为 Throwable 的子类出现。

Throwable 类描述了所有可以被虚拟机抛出的非正常状况。一般情况下很少直接使用 Throwable 类,而是使用它的两个子类 Error 和 Exception。Error 类就是前面提到的运行时的大错误,通常情况下这种错误都是灾难性的,所以没有必要使用异常处理机制处理 Error。

Exception 类有几十个子类,描述了不同类型的异常。按照异常是否需要强制处理,Exception 类可以分为非检查性异常和检查性异常两大类。

1. 非检查性异常

以 RuntimeException(运行时异常)为例,例如 ClassCastException(类型转换异常)、ArrayIndexOutOfBoundsException(数组下标越界异常)等都是运行时异常的子类。非检查性异常编译时不进行检查,到运行时才会显现。当程序产生异常时,通常被称为抛出(throw)异常,此时系统(JVM)会自动实例化 1 个对应异常类的对象,该对象中保存了具体的异常描述信息。

2. 检查性异常

以 IOException(输入输出异常)为例,例如 FileNotFoundException(文件找不到异常)是输入输出异常的子类。检查性异常在编译时进行强制检查,如果没通过,则出现编译错误,如图 8-3 所示。

```
1 package javaoo.demo8_2;
2 import java.io.*;
3 public class Test{
4    public static void main(String[] args) {
5        FileReader fr=new FileReader("c:/Person.java");
6    }
7 }
```

图 8-3 检查性异常

解释说明:

FileReader 类是文件执行读取用的类,在 io 包中定义,因此第 2 行引入 java.io 包中的所有类,包括 FileReader 类。由于 FileReader 类的构造方法中会包含检查性异常,而程序员如果没有处理检查异常时,就会出现编译错误。

处理的方式有两种:

```
① public class Test{
    public static void main(String[] args) throws FileNotFoundException {
        FileReader fr=new FileReader("c:/Person.Java");
    }
}
```

说明：在 main()方法后使用 throws 关键字抛出异常，交给系统处理。

```
② public class Test{
    public static void main(String[] args) {
        try {
            FileReader fr=new FileReader("c:/Person.Java");
        } catch (FileNotFoundException e) {
            e.printStackTrace();
        }
    }
}
```

说明：在 main()方法中使用 try 和 catch 关键字的组合，也称为抛抓模型。该异常由编程人员自行处理。

在 Eclipse 平台下，上述两段代码都可以自动生成，单击图 8-3 中第 5 行最左边的红色×，会提示选择异常处理方式。

异常类的继承关系图如图 8-4 所示。

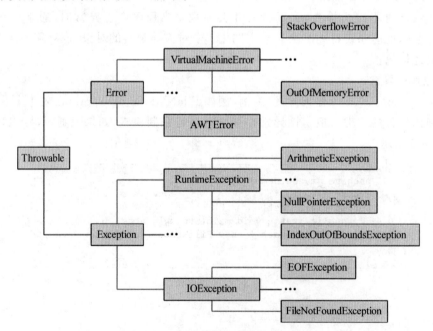

图 8-4　异常类的继承关系图

8.2 异常处理机制

Java 语言用异常处理机制处理程序中可能出现的小错误,保证了程序的连续性、安全性和健壮性。如果没有异常处理机制,当程序中出现异常时,系统会在出现异常的那行代码处中断程序,而后面的代码将无法运行,如下面的代码所示。

【例 8-1】 没有异常处理的程序。

```
1   public class Test{
2       public static void main(String[] args) {
3           int[] a={1,2,3};
4           System.out.println("the previous code");
5           System.out.println(a[5]);
6           System.out.println("the following code");
7       }
8   }
```

运行结果:

```
the previous code
Exception in thread "main" java.lang.ArrayIndexOutOfBoundsException: Index 5 out
of bounds for length 3
    at Test.main(Test.Java:5)
```

代码解释:

第 5 行会出现数组下标越界异常,若程序员没有处理该异常,则这个异常会交给系统处理,系统在第 5 行中断整个程序运行,因此第 6 行的输出语句没有执行。

【例 8-2】 有异常处理的程序。

```
1   public class Test{
2       public static void main(String[] args) {
3           int[] a={1,2,3};
4           System.out.println("the previous code");
5           try {
6               System.out.println(a[5]);
7           }catch(ArrayIndexOutOfBoundsException e) {
8               e.printStackTrace();
9           }
10          System.out.println("the following code");
11      }
12  }
```

运行结果:

```
the previous code
java.lang.ArrayIndexOutOfBoundsException: Index 5 out of bounds for length 3
    at Test.main(Test.Java:6)
```

the following code

代码解释：

第 6 行把可能出现异常的代码放在 try 块中，一旦有异常发生，系统会根据异常的类型创建异常对象，在这里会产生 ArrayIndexOutOfBoundsException 对象，然后从 try 块中把该对象抛出，接着由 catch 语句进行匹配捕获，catch 括号中的异常类型如果是抛出异常对象的类型或者其父类型，就把该异常对象交给 e，由 e 调用 printStackTrace() 方法打印异常抛出的轨迹，处理完异常后，程序可以接着运行，因此第 10 行语句正常输出，异常处理机制保证了程序的连续性。

例 8-2 展示了异常处理机制的使用过程和原理，异常处理机制主要由 try、catch、finally、throw 和 throws 5 个关键字实现。下面分别对这 5 个关键字做简要说明：

① try{} 块用来放可能发生异常的代码。

② catch{} 块用来捕获异常对象，并进行异常处理。

③ finally{} 块用来放置异常处理中总会执行的代码。

④ throw 用来再次抛出异常对象。

⑤ throws 在方法定义中使用，用来声明该方法可能抛出的异常类型。

在这 5 个关键字的组合搭配中，主要有以下 5 种搭配方式。

① try{} 块和一个 catch{} 块搭配。

② try{} 块和多个 catch{} 块搭配。

③ try{} 块和 catch{} 块、finally{} 块搭配。

④ try{} 块和 finally{} 块搭配。

⑤ try{} 块和 catch{} 块、finally{} 块的嵌套使用。

catch{} 块和 finally{} 都不可以单独使用，必须与 try{} 块搭配使用。

异常处理机制的组合方式有很多，相对完整的组合方式如下：

```
try{
    …
        [其他 try-catch-finally]
    …
    } catch( ExceptionName1 e ) {
        …

        [其他 try-catch-finally]
        …
    }[ catch( ExceptionName2 e ) {
        …

    }]
    [ finally {
        …
        [其他 try-catch-finally]
            …

        }]
```

8.2.1 try-catch 语句

当 try{}块中有一种异常可能发生时,常和一个 catch{}块搭配使用,如例 8-3 所示。

【例 8-3】 try-catch 语句。

```
1   public class Test{
2       public static void main(String[] args) {
3           int a=10;
4           int b=0;
5           System.out.println("the previous code");
6           try {
7               System.out.println(a/b);
8           }catch(ArithmeticException e) {
9               e.printStackTrace();
10          }
11          System.out.println("the following code");
12      }
13  }
```

运行结果:

```
the previous code
java.lang.ArithmeticException: / by zero at Test.main(Test.Java:7)
the following code
```

代码解释:

当除数为 0 时,程序会抛出 ArithmeticException 异常,因为 catch 语句抓住并处理了该异常,所以第 11 行语句正常输出。

catch()块中的 ArithmeticException 也可以换成它的父类 RuntimeException 或者 Exception,因为父类型的异常处理可以捕获的范围更广,读者可以自行实验。

思考:如果 catch()块中的 ArithmeticException 换成 ArrayIndexOutOfBoundsException,会是什么结果呢?

提示:程序会在第 11 行前中断,因为没有处理掉该异常,交给系统处理的结果就是中断程序的运行。

8.2.2 多重 catch 语句

当 try{}块中可能有多种异常发生时,需要和多个 catch{}块搭配使用,如例 8-4 所示。

【例 8-4】 多重 catch 语句。

```
1   public class Test{
2       public static void main(String[] args) {
3           int a=10;
4           int b=0;
5           int[] c={1,2,3};
6           System.out.println("the previous code");
```

```
7          try {
8              System.out.println(a/b);
9              System.out.println(c[5]);
10         }catch(ArrayIndexOutOfBoundsException e) {
11             e.printStackTrace();
12         }catch(ArithmeticException e) {
13             e.printStackTrace();
14         }
15         System.out.println("the following code");
16     }
17  }
```

运行结果:

```
the previous code
java.lang.ArithmeticException: / by zero at Test.main(Test.Java:8)
the following code
```

代码解释:

在本例中可能出现两种异常,可以用两个 catch{}块分别处理,因为第 8 行会先出现异常并抛出 ArithmeticException 对象,所以 try{}块中的其他代码就不会再执行,程序跳转到 catch{}块的匹配上,匹配时按照从上到下的顺序依次比较,先和第 10 行的异常类型进行比较,结果没匹配上,接着和第 12 行的异常类型进行比较,发现匹配上时,就执行第 13 行异常处理的代码。因为已经处理了异常,所以程序可以继续运行,输出第 15 行的语句。

在本例中,因为 ArrayIndexOutOfBoundsException 和 ArithmeticException 都是 RuntimeException 的子类,是兄弟关系,所以没有先后区别,即第 10、11 行和第 12、13 行互换,对程序结果没有影响。

如果在多重 catch 语句中,多种异常类之间有父子关系时,必须保证子类异常在前,父类异常在后,否则会出现编译错误。

请读者自行实验,在例 8-4 中把第 12 行的 ArithmeticException 换成 RuntimeException 没有问题,但是如果把第 10 行的 ArrayIndexOutOfBounds Exception 换成 RuntimeException,就会出现编译错误。举一个形象的例子,就像在池子里捞鱼,如果用大而密的网去捞,1 次就可以把鱼都捞完,再用小网去捞就失去了意义。

思考:是否可以用异常父类处理所有的异常信息?

答案:语法上是可以的,但是,对于后期处理异常的程序员来说,如果经验不足,很难判断是哪种异常,给后续的编程带来麻烦,因此,能精确标识异常子类型是一种好的编程习惯。

8.2.3　try-catch-finally 语句

异常处理机制中的完整组合是 try{}块、catch{}块和 finally{}块的搭配使用。try-catch-finally 语句的执行顺序是:当 try{}块中抛出异常时,系统会产生该种异常类的对象,之后按照 catch{}块的顺序依次匹配异常类型,无论是否处理掉该异常,都会执行 finally{}块中的内容。如果 try{}块中没有抛出任何异常,则跳过 catch{}块,转移到 finally{}块执行。这里主要讲解 finally{}块的用法。

finally{}块为异常处理提供统一的出口，即无论 try 语句中是否产生异常，都将执行 finally{}块中的内容，除非使用 System.exit()方法强制关闭 JVM，finally{}块总会执行。

以 NullPointerException（空指针异常）为例，空指针异常指的是当引用类型变量的值为 null 时，使用该变量调用任何属性和方法，都会出现空指针异常。

【例 8-5】 try-catch-finally 语句。

```
1   public class Test{
2       public static void main(String[] args) {
3           Test t=null;
4           System.out.println("the previous code");
5           try {
6               System.out.println(t.toString());
7           }catch(NullPointerException e) {
8               e.printStackTrace();
9           }finally {
10              System.out.println("finally");
11          }
12          System.out.println("the following code");
13      }
14  }
```

运行结果：

```
the previous code
java.lang.NullPointerException: Cannot invoke "Object.toString()" because "t" is
null at Test.main(Test.Java:6)
finally
the following code
```

代码解释：

第 3 行 t 为 null 时，第 6 行 t.toString()方法的调用会出现空指针异常，当异常被 catch 捕获并处理后，finally{}块中的代码才会执行。

在 catch 语句中使用其他异常类替代 NullPointerException 时，代码如下：

```
1   public class Test{
2       public static void main(String[] args) {
3           Test t=null;
4           System.out.println("the previous code");
5           try {
6               System.out.println(t.toString());
7           }catch(ArrayIndexOutOfBoundsException e) {
8               e.printStackTrace();
9           }finally {
10              System.out.println("finally");
11          }
12          System.out.println("the following code");
```

```
13      }
14   }
```

运行结果：

```
the previous code
finally
Exception in thread "main" java.lang.NullPointerException: Cannot invoke
"Object.toString()" because "t" is null at Test.main(Test.Java:6)
```

代码解释：

第 6 行抛出空指针异常，当 catch{}块未捕获到异常时，系统会中断程序，但是 finally{}块也会被执行，而第 12 行的输出语句不会执行。

当程序不出现异常时，代码如下：

```
1   public class Test{
2      public static void main(String[] args) {
3         Test t=new Test();
4         System.out.println("the previous code");
5         try {
6             System.out.println(t.toString());
7         }catch(NullPointerException e) {
8             e.printStackTrace();
9         }finally {
10            System.out.println("finally");
11        }
12        System.out.println("the following code");
13      }
14   }
```

运行结果：

```
the previous code
Test@2f92e0f4
finally
the following code
```

代码解释：

try{}块中不出现异常时，catch{}块不执行，但是 finally{}块会执行。

思考：如果第 6 行代码替换成 System.exit(0)时，程序的运行结果是什么？

结果是：

```
the previous code
```

System.exit()方法中的数字表示 JVM 强制关闭前的状态码，通常使用 0。当关闭 JVM 时，程序后续的代码都不会执行，包括 finally{}块。

8.2.4　throw 和 throws 的区别

1. throw

通常异常处理是分层次的，一般在某一层处理完异常后，程序可以接着运行，但是有时需要再次对该异常进行处理，这就需要把刚捕捉到的异常对象抛到上一层异常处理结构中处理。就像现实生活中有中级人民法院和高级人民法院，有的案件虽然由中级人民法院受理，但是一旦中级人民法院处理不了，就必须上报到高级人民法院处理。

throw 关键字的使用规则如下：

throw　异常类的对象；

【例 8-6】　throw 的使用。

```
1  public class Test{
2     public static void main(String[] args) {
3         int a=10;
4         int b=0;
5         System.out.println("the previous code");
6         try {
7             System.out.println(a/b);
8         }catch(ArithmeticException e) {
9             System.out.println("catch ArithmeticException");
10            throw e;
11        }
12        System.out.println("the following code");
13     }
14  }
```

运行结果：

```
the previous code
catch ArithmeticException    Exception  in  thread  " main " java. lang.
ArithmeticException: / by zero  at Test.main(Test.java:7)
```

代码解释：

第 8 行 catch{}块捕获异常后，又在第 10 行用 throw 二次抛出异常对象 e，该异常最终由系统处理，程序会中断执行，因此第 12 行语句不输出。

throw 除了"再抛出"的用法以外，还有另外一种用途，即手动抛出异常对象。从前面章节已知，异常类对象是由系统自动创建的，不需要程序员用 new 运算符产生，但是在特殊情况下（常用在抛出自定义异常对象）需要手动实例化异常对象，然后抛出这个对象，这时需要使用关键字 throw。因为后续章节会详细讲述自定义异常类，所以这里只以算术运算异常 ArithmeticException 为例学习 throw 的其他用途。

【例 8-7】　手动抛出异常对象。

```
1  public class Test{
2     public static void main(String[] args) {
```

```
3        System.out.println("the previous code");
4        try {
5            throw new ArithmeticException();
6        }catch(ArithmeticException e) {
7            System.out.println("catch ArithmeticException");
8        }
9        System.out.println("the following code");
10    }
11 }
```

运行结果：

```
the previous code
catch ArithmeticException
the following code
```

2. throws

方法内可以不处理代码所产生的异常，而是将异常向上传递，由调用它的方法处理。这时需要使用关键字 throws 显式声明方法中可能抛出的异常类型。

throws 关键字的使用规则如下：

```
方法名([参数列表]) throws 异常类名 1, 异常类名 2……{
    方法体
}
```

说明：在 throws 关键字后列举这个方法中可能产生的多种异常类型。异常类名之间用逗号","隔开。

【例 8-8】 throws 的用法。

```
1  import java.io.EOFException;
2  import java.io.FileNotFoundException;
3  public class Test{
4      public static void method1() throws  EOFException,FileNotFoundException{
5          method2();
6      }
7      public static void method2() throws EOFException,FileNotFoundException{
8          int a=5;
9          if(a>0) {
10             throw new FileNotFoundException();
11         }else {
12             throw new EOFException();
13         }
14     }
15     public static void main(String[] args) {
16         try {
17             method1();
18         }catch(FileNotFoundException e) {
19             System.out.println("catch FileNotFoundException");
```

```
20          }catch(EOFException e) {
21              System.out.println("catch EOFException");
22          }
23      }
24  }
```

运行结果：

```
catch FileNotFoundException
```

代码解释：

FileNotFoundException 异常类表示文件没有找到异常，EOFException 异常类表示已经到文件末尾异常，目前读者只做了解即可。

在 Test 类中定义了 method1( )、method2( ) 和 main( ) 3 个类方法，这 3 个方法的调用关系顺序如图 8-5 所示。

由于 method2( ) 没有处理异常，因此该异常通过方法抛到方法调用的地方，即 method1( ) 处；而 method1( ) 也没有处理该异常，接着抛给了 main( ) 的 catch{ } 块处理。

方法之间的调用，会形成方法栈调用结构，先调用的方法在栈底，最后调用的方法在栈顶。

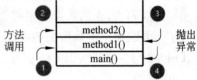

图 8-5　throws 的用法

8.2.5　异常类中的方法

异常类中有一些常用的方法，可以获取有用的异常信息，从而帮助程序员更有效地进行异常处理。常用的方法有以下 3 个。

1. public String getMessage ( )

返回当前异常对象的详细信息。

2. public String toString ( )

返回出现异常的类名和 getMessage( ) 得到的信息。

3. public void printStackTrace( )

返回异常发生抛出的调用轨迹。该方法需要重点掌握。

如例 8-9 对例 8-8 进行了改进，其中 main( ) 方法不处理异常时，会有如下结果：

【例 8-9】　使用异常类中的方法。

```
public static void main(String[] args) {
    try {
        method1();
    }catch(FileNotFoundException e) {
        System.out.println("toString():"+e.toString());
        e.printStackTrace();
    }catch(EOFException e) {
        System.out.println("catch EOFException");
    }
}
```

运行结果：

```
toString():java.io.FileNotFoundException
java.io.FileNotFoundException
    at Test.method2(Test.java:10)
    at Test.method1(Test.java:5)
    at Test.main(Test.java:17)
```

异常处理技巧：在处理异常时，常用 printStackTrace() 观察异常抛出的轨迹，而且以从上向下的顺序，找到第 1 个是用户自己编写类的问题并进行处理，如此反复，直到程序中不再抛出任何异常。

8.2.6　重新认识方法重写

有了异常类之后，方法重写的内涵才变得完整起来。子类方法对父类方法重写时，要求方法名、参数列表、返回数据类型都相同，子类方法的访问权限必须不小于父类方法的访问权限，子类方法抛出的异常类型必须不大于父类方法抛出的异常类型。

【例 8-10】　重新认识方法重写。

Father 类

```
1  public class Father {
2      void oneDream() throws Exception {
3          System.out.println("Father 类中的 oneDream()方法");
4      }
5  }
```

Son 类

```
1  public class Son extends Father {
2      public void oneDream() throws ClassCastException {
3          System.out.println("Son 类中的 oneDream()方法");
4      }
5  }
```

代码解释：

因为 Father 类中的方法抛出的异常类型是 Exception，它的范围比 ClassCastException 大，所以程序不会出现编译错误。

让 Son 类中的方法和 Father 类中的方法抛出的异常互换位置，程序就会出现编译错误。因为子类方法抛出的异常类型必须不大于父类方法抛出的异常类型。

8.3　自定义异常类

自定义异常类

由于在实际项目中需求的复杂性，Java 语言中虽然已经定义了丰富的异常类（系统预定义异常类），但是依然会有大量需要处理业务相关的异常，这种情况下就需要编程人员自定义异常类。自定义异常类使用起来非常灵活，通常作为系统预定义异常类的补充出现。

用户自定义异常类定义为 Exception 类的子类就可以，如例 8-11 所示。

【例 8-11】 用户自定义异常类的使用。

ScoreNegativeException 类

```
1  public class ScoreNegativeException extends Exception {
2      public ScoreNegativeException(String msg) {
3          super(msg);
4      }
5  }
```

Test 类

```
1  import ScoreNegativeException;
2  public class Test{
3      public static void main(String[] args) {
4          int score=-10;
5          try {
6              if (score<0) {
7                  throw new ScoreNegativeException("成绩不能是负数");
8              }
9          }catch(ScoreNegativeException e) {
10             e.printStackTrace();
11         }
12     }
13 }
```

运行结果：

```
ScoreNegativeException: 成绩不能是负数
    at Test.main(Test.java:7)
```

代码解释：

首先需要编写自定义异常类代码，ScoreNegativeException 类中的第 1 行必须继承自异常类的父类 Exception。

第 2～4 行定义了有参的构造方法，用来传递自定义的错误信息给父类。

Test 类中当局部变量 score 的值小于 0 时，手动抛出自定义异常类 ScoreNegativeException 对象，在 catch{} 块中把该异常对象交给 e，然后通过 printStackTrace()方法打印自定义异常抛出的轨迹。

本 章 小 结

本章重点介绍了异常处理机制，包括异常的概念、异常的分类、异常的产生、异常的处理机制、异常的抛出、用户自定义异常类等。通过本章的学习，读者应该掌握 Java 的异常处理机制，可以编写更加完善、更加健壮的应用程序。

习 题 8

一、单选题

1.下列常见的系统预定义的异常中,空指针异常是(　　)。

    A. ClassNotFoundException　　　　　　B. IOException

    C. FileNotFoundException　　　　　　　D. NullPointerException

2.无论异常发生与否,都会执行的代码块是(　　)。

    A. try　　　　　　　　　　　　　　　　B. catch

    C. finally　　　　　　　　　　　　　　D. none of the above

3.下面代码的输出结果为(　　)。

```
void func() {
    String str =null;
    try {
        if (str.length() ==0) {
            System.out.print("The");
        }
        System.out.print("Cow");
    } catch (Exception e) {
        System.out.print("and");
        System.exit(0);
    } finally {
        System.out.print("Chicken");
    }
    System.out.println("show");
}
```

    A. The　　　　　　　　　　　　　　　B. Cow

    C. and　　　　　　　　　　　　　　　　D. Chicken

4.假设下面的 oneMethod()方法能够正常运行,则程序的输出结果是(　　)。

```
class TestException {
    public void test() {
        try {
            oneMethod();
        } catch (ArrayIndexOutOfBoundsException e) {
            System.out.println("condition 1");
            System.out.println("condition 2");
        } catch (Exception e) {
            System.out.println("condition 3");
        } finally {
            System.out.println("finally");
        }
    }
```

}

    A. condition 1   B. condition 2

    C. condition 3   D. finally

5. 下面一段代码的输出结果是( )。

```
try {
    System.out.print("try ");
    return;
} finally {
    System.out.print("finally ");
}
```

    A. try   B. finally

    C. try finally   D. 没有任何输出信息

6. 所有异常类的父类是( )。

    A. Exception   B. ArithmeticException

    C. NullPointerException   D. ArrayIndexOutofBoundException

7. 下列有关异常处理机制的叙述正确的是( )。

```
try{
    //可能产生异常的语句块
}catch(exceptiontype1 e1) {
    //处理异常 e1 的语句块
}catch(exceptiontype2 e2) {
    //处理异常 e2 的语句块
}finally {
    //最终处理的语句块
}
```

    A. try{}块可能有多个,catch{}块可能有多个,finally{}块必须有

    B. 多个 catch{}块参数中的异常类可以有父子关系,但父类异常的 catch{}块应该在子类异常的 catch{}块前面

    C. 若 try{}块没有抛出任何异常,则跳过 catch{}块,转移到 finally{}块中继续执行

    D. 当 try{}块抛出异常时,会逐个执行 catch{}块中的所有内容

8. 下列程序的运行结果是( )。

```
public class E {
    public static void main(String argv[]) {
        E m = new E();
        System.out.println(m.amethod());
    }
    public int amethod() {
        int i, j = 0;
        try {
            i = 3 / j;
```

```
                j++;
        } catch (ArithmeticException e) {
                return j;
        } catch (Exception e) {
                return 3;
        }
        return 2;
    }
}
```

A. 1   B. 2

C. 0   D. 3

9. 下列哪个选项不是异常类中的方法？（   ）

A. getMessage()

B. getString()

C. printStackTrace()

D. toString()

10. 有关 throw 和 throws 的说法中，不正确的是（   ）。

A. throw 的作用是抛出异常，后面加的是异常类的对象

B. throws 的作用是向外抛出异常，即声明要产生的若干异常，后面加的是异常类的类名

C. throws 只能声明要产生的自定义异常，也就是后面只能加自定义异常类

D. throws 语句可以声明抛出自定义异常，也可以声明抛出系统异常

二、简答题

1. 简述检查性异常与非检查性异常的区别。

2. 简述异常处理机制。

3. 简述 final、finally 和 finalize 的区别。

4. 简述 throw 和 throws 的区别。

5. 如何定义自定义异常？

三、编程题

1. 判断字符串 s 的内容是否为"请不要睡觉"，如果是，则抛出自定义异常。

2. 编写 Java 应用程序，访问数组元素下标越界产生异常，要求使用 try、catch、finally 捕获异常并给出错误信息。

3. 编写 Java 应用程序，使其能够抛出空指针异常，捕捉到异常后调用异常对象的方法输出异常信息。

4. 编写异常类 CustomException，再编写类 Student，该类有产生异常的方法 public void study(int m) throws CustomException，要求参数 m 的值等于 100 时，方法抛出 CustomException 对象，否则输出 m 的值。最后编写主类，在主类的 main() 方法中用 Student 创建对象 s，该对象调用 study() 方法。

5. 定义 Computer 类，其具有求两个整数最大公约数的方法，如果这两个整数小于 0，就抛出自定义异常类型的异常对象，否则输出最大公约数。

第9章 字 符 串

知识要点：

1. 字符串类概述

2. String 类

3. StringBuilder 类

4. StringBuffer 类

5. StringTokenizer 类

学习目标：

通过本章的学习，读者可以掌握字符串类 String 的创建方式与主要方法的使用；特别掌握其不变性特征；掌握字符串类 StringBuilder 的创建方式与主要方法的使用；理解并掌握 String、StringBuilder 和 StringBuffer 的区别；掌握 StringTokenizer 类的使用。

9.1　字符串类概述

字符串是编程中最常使用的一种引用数据类型，需要读者重点掌握。Java 语言中有 3 个类可以表示字符串，分别是 String、StringBuffer 和 StringBuilder。

String 代表一组不可改变的字符序列，对它的任何修改实际上会产生新的字符串，而 StringBuffer 和 StringBuilder 都代表一组可改变的字符序列。StringBuffer 和 StringBuilder 最大的不同在于，StringBuilder 中的方法不是线程安全的，因为 StringBuilder 有执行速度上的优势，所以多数情况下建议使用 StringBuilder 类。

本章主要以 String 和 StringBuilder 学习为主，讲解字符串类的使用。

9.2　String 类

String 类

9.2.1　String 对象的创建

1. 字符串常量

字符串常量是用双引号括起来的字符序列，如 "abc" "123" "大家好"等，其在内存方法区的常量池中保存，为了节省内存空间，相同的常量只保留 1 个。其中比较特殊的字符串常量有""(空字符串)，它表示长度为 0 的字符串常量，注意它与 null 的区别，null 表示引用类型变量不指向内存中任意位置的地址；而" "表示长度为 1 的空格字符串；同时，它与字符常量也有区别，字符常量中只能包含 1 个字符。

例如：'8'是 char 类型常量，"8"是 String 类型常量。

2. String 对象的创建方式

String 对象的创建方式有两种：

（1）静态创建方式（常用）。把字符串常量赋值给字符串类型的变量。

例如：

```
String s ="Hello World!";
```

（2）动态创建方式。使用 new 运算符创建。

例如：

```
String s =new String("Hello World!");
```

思考：这两种方式创建的字符串是同一个字符串对象吗？

答案：不是同一个字符串对象。使用静态方式创建的字符串，首先判断内存常量池中是否有该字符串常量，如果没有，就先把字符串常量放在常量池中保存，之后把该常量池中的地址赋值给字符串变量；如果有，就直接把常量池中的地址赋值给变量。

使用动态方式创建的字符串，在堆内存中会额外分配一块新的空间，把新空间的首地址赋值给字符串变量。

String 类中的 equals()方法对 Object 类中的 equals()方法进行了方法重写，该方法比较的是 String 对象中的字符串常量是否相等。

【例 9-1】 String 对象的两种创建方式。

```
1   public class Test{
2       public static void main(String[] args) {
3           String s1="Hello World!";
4           String s2="Hello World!";
5           String s3=new String("Hello World!");
6           String s4=new String("Hello World!");
7           System.out.println(s1==s2);//true
8           System.out.println(s1.equals(s2));//true
9           System.out.println(s3==s4);//false
10          System.out.println(s3.equals(s4));//true
11          System.out.println(s1==s3);//false
12          System.out.println(s1.equals(s3));//true
13      }
14  }
```

运行结果：见代码的单行注释。

例 9-1 字符串创建的内存分配示意图如图 9-1 所示。

代码解释：

第 3、4 行使用静态方式创建字符串，第 5、6 行使用动态方式创建字符串。

假设在常量池中，目前没有任何字符串常量，则在执行第 3 行语句时，先把字符串常量"Hello World!"放入常量池，之后把该常量所对应的内存地址赋值给 s1。

执行第 4 行语句时，会先去常量池查看是否已经有该字符串常量，由于本例中有，直接把该常量所对应的内存地址赋值给 s2，因此第 7 行和第 8 行的结果都是 true，即无论是地址还是字符串常量，s1 和 s2 都相同。

第 5 行使用字符串常量在堆内存中分配一块新的空间，并把新空间的首地址赋值给

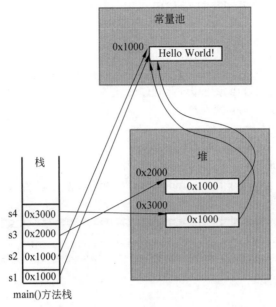

图 9-1　字符串创建的内存分配示意图

s3，s4 也是同样的分配方式，因此 s3 和 s4 的地址不同，但是它们对应的字符串常量相同。

第 11 行由于 s1 和 s3 的地址不同，s1 是常量池中的地址，s3 是堆中内存的地址，因此输出结果是 false。

第 12 行由于 s1 和 s3 对应的字符串常量相同，因此输出结果是 true。

9.2.2　String 类的使用

String 类中需要掌握以下主要方法的使用。

1. 构造方法

（1）String()。

初始化新创建的 String 对象，它表示空字符串对象("")。

（2）String(char[] bytes, int offset, int length)。

使用字符数组创建 String 对象。offset 表示数组的索引位置，length 表示有多少个字符。offset 参数可以省略不写，表示从索引位置 0 开始。

（3）String(byte[] bytes, int offset, int length)。

使用字节数组创建 String 对象。offset 表示数组的索引位置，length 表示有多少个字节。

（4）String(String str)。

创建 String 对象，并用 str 字符串常量初始化该对象。

（5）String(StringBuffer buffer)。

创建 String 对象，并用 StringBuffer 对象中的内容初始化该对象。

（6）String(StringBuilder builder)。

创建 String 对象，并用 StringBuilder 对象中的内容初始化该对象。

【例 9-2】 String 类中构造方法的使用。

```
1   public class Test{
2       public static void main(String[] args) {
3           String s1=new String();
4           char[] c={'H','e','l','l','o'};
5           String s2=new String(c,1,2);
6           byte[] b="中国".getBytes();
7           String s3=new String(b,0,2);
8           String s4=new String("Hello");
9           StringBuffer buffer=new StringBuffer("Hello");
10          String s5=new String(buffer);
11          StringBuilder builder=new StringBuilder("Hello");
12          String s6=new String(builder);
13          System.out.println("s1:"+s1+" s2:"+s2+" s3:"+s3);
14          System.out.println("s4:"+s4+" s5:"+s5+" s6:"+s6);
15      }
16  }
```

运行结果：

```
s1:   s2:el   s3:中
s4:Hello   s5:Hello   s6:Hello
```

代码解释：

第 3 行产生空字符串""，输出时不显示。

第 5 行使用 char[]数组中的部分字符创建字符串，从索引位置 1，即数组中第 2 个元素开始，创建长度为 2 的字符串，结果是"el"。

第 6 行代码的写法常用于处理中文乱码问题，读者目前了解即可。在 Java 语言中，1 个字符数据占 2 字节的空间，因此，从索引位置 0 取长度为 2 的内容是"中"字。

第 10 行使用 StringBuffer 对象的内容创建 String 对象。

第 12 行使用 StringBuilder 对象的内容创建 String 对象。

2. 其他方法

1) 字符串长度方法

public int length()。

该方法用于获取字符串的长度。

例如：

```
String s ="Hello World!";
int n=s.length();
```

n 的值为 12，即字符串的长度是 12。

字符串可以认为是由字符数组组成，字符串的长度就是该字符数组的长度，但是使用上有些区别，求数组长度使用数组的 length 属性，即"数组名.length"，而 String 类使用 length()方法，即"字符串 .length()"。

"Hello World!"字符串可以理解为字符数组,其中空格也是 1 个字符,字符串索引位置从 0 开始,如图 9-2 所示。

H	e	l	l	o		W	o	r	l	d	!
0	1	2	3	4	5	6	7	8	9	10	11

图 9-2　String 对象与字母对应关系图

2) 字符串比较的方法

(1) public int compareTo(String s)。

按 Unicode 编码表,逐位比较当前字符串与参数串 s 的大小。相等时为 0,不同时会给出第 1 个不同字符之间在 Unicode 编码表中的差值。网站 https://www.sojson.com/unicode.html 中提供了字符在 Unicode 编码表中的查询功能。

(2) public boolean equals(String s)。

比较两个字符串对象中的内容是否相同,若相同,则为 true;若不同,则为 false。

(3) public boolean equalsIgnoreCase(Object anObject)。

以忽略大小写的方式比较两个字符串对象中的内容是否相同,若相同,则为 true;若不同,则为 false。

【例 9-3】　字符串比较的方法。

```
1   public class Test{
2       public static void main(String[] args) {
3           String s1="abc";
4           String s2="abc";
5           String s3="aBc";
6           String s4="中国";                              //中 20013
7           String s5="大连";                              //大 22823
8           String s6="ABC";
9           System.out.println(s1.compareTo(s2));          //0
10          System.out.println(s1.compareTo(s3));          //32
11          System.out.println(s4.compareTo(s5));          //-2810
12          System.out.println(s1.equals(s6));             //false
13          System.out.println(s1.equalsIgnoreCase(s6));   //true
14      }
15  }
```

运行结果:见代码的单行注释。

代码解释:

第 9 行 s1 和 s2 字符串逐个字符从左到右进行比较,因为两个字符串完全相同,所以结果是 0。

第 10 行 s1 和 s3 字符串逐个字符进行比较,第 1 个不同的字符为 s1 中的“b”和 s3 中的“B”,在 Unicode 编码表中“b”的编码为 98,“B”的编码为 66,所以差值为 32。

第 11 行 s4 和 s5 比较,第 1 个字符就不同,因为“中”的编码是 20013,“大”的编码是 22823,所以它们的差值是－2810。

通常,compareTo()方法只需要知道结果是否为 0,是正数还是负数。

第 12 行比较 s1 和 s6 两个字符串是否相同,因为它们不同,所以结果是 false。

第 13 行以忽略大小写方式比较两个字符串是否相同,结果是 true。

3) 字符或者子串查找的方法

(1) public char charAt(int index)。

返回当前字符串索引位置是 index 的字符。

(2) public int indexOf(int i)。

返回指定字符在当前字符串中第 1 次出现的位置。

(3) public int indexOf(int i,int startindex)。

返回索引位置 startindex 后第 1 次该字符出现的位置。

(4) public int indexOf(String s)。

返回子串第 1 次出现的位置。

(5) public int indexOf(String s,int startindex)。

返回索引位置 startindex 后子串 s 第 1 个出现的位置。

(6) public intlast IndexOf(int i)。

返回指定字符在当前字符串中最后 1 次出现的位置。该方法有很多重载方法在使用上和 indexOf()类似,这里不再赘述。

(7) public boolean startsWith(String s)。

验证当前字符串是否以子串 s 开始,若是,则返回 true,否则返回 false。

(8) public boolean endsWith(String s)。

验证当前字符串是否以子串 s 结尾,若是,则返回 true,否则返回 false。

【例 9-4】 字符或者子串查找的方法。

```
1  public class Test{
2      public static void main(String[] args) {
3          String s1="Hello World!";
4          String s2="Person.java";
5          System.out.println(s1.charAt(1));          //e
6          System.out.println(s1.indexOf('l'));          //2
7          System.out.println(s1.indexOf('l',6));          //9
8          System.out.println(s1.indexOf("lo"));          //3
9          System.out.println(s1.lastIndexOf('l'));          //9
10         System.out.println(s1.lastIndexOf("ld"));          //9
11         System.out.println(s2.startsWith("person")); //false
12         System.out.println(s2.endsWith(".java"));          //true
13     }
14  }
```

运行结果:见代码的单行注释。

4) 产生新字符串的方法(原字符串不变)

(1) public String concat(String s)。

将字符串 s 连接到当前字符串副本的结尾,副本即产生的新字符串,功能上等同于连接运算符"＋"。

（2）public String replace(char oldChar，char newChar)。

将当前字符串副本中出现的 oldChar 字符用 newChar 字符替换。

（3）public String substring(int beginIndex，int endIndex)。

从当前字符串中 beginIndex 位置的字符开始，到 endIndex 位置字符结束的内容，产生新字符串。新字符串包含 beginIndex 位置的字符，但是不包括 endIndex 位置的字符。如果没有 endIndex，则表示从 beginIndex 位置开始到字符串结束。

（4）public String toLowerCase()。

将当前字符串副本中的所有字符转换为小写。

（5）public String toUpperCase()。

将当前字符串副本中的所有字符转换为大写。

（6）public String trim()。

去除当前字符串副本中前后的空格。

【例 9-5】 产生新字符串的方法。

```
1   public class Test{
2       public static void main(String[] args) {
3           String s1="Hello";
4           String s2="World!";
5           String s3=" ab cd  ";
6           System.out.println(s1.concat(s2));              //HelloWorld!
7           System.out.println(s1);                         //Hello
8           s1=s1.concat(s2);
9           System.out.println(s1);                         //HelloWorld!
10          System.out.println(s2.replace('W', 'w'));       //world!
11          System.out.println(s1.substring(2));            //lloWorld!
12          System.out.println(s1.substring(2,7));          //lloWo
13          System.out.println(s1.toLowerCase());           //helloworld!
14          System.out.println(s1.toUpperCase());           //HELLOWORLD!
15          System.out.println(s3.length());                //8
16          s3=s3.trim();
17          System.out.println(s3);                         //ab cd
18          System.out.println(s3.length());                //5
19      }
20  }
```

运行结果：见单行注释。

代码解释：

第 6 行 s1.concat(s2)实现 s1 和 s2 的连接，会产生 1 个临时的匿名字符串对象，输出后该匿名字符串对象自动消亡，s1 和 s2 不变。

第 8 行 s1 和 s2 连接，会产生 1 个临时的匿名字符串对象，并把该匿名对象重新赋给 s1，这时 s1 会发生改变。

第 11～14 行里的 s1 都是 HelloWorld!，以此为基础每 1 行都产生了 1 个匿名字符串对象,输出后该匿名字符串对象自动消亡,s1 不变。

第 5 行字符串中包含 4 个空格字符,最前面有 1 个空格,中间有 1 个空格,末尾有 2 个空格,所以第 15 行的结果为 8。trim()只可以删除字符串前后的空格字符,字符串中的空格无法删除,因为第 16 行重新把新产生的字符串赋给 s3,所以第 18 行的结果是 5。

注意: String 代表一组不可改变的字符序列,对它的任何修改实际上又产生新的字符串,除非把修改后的字符串重新赋回原字符串,否则修改是无效的。

第 3~9 行内存分配示意图如图 9-3 所示。

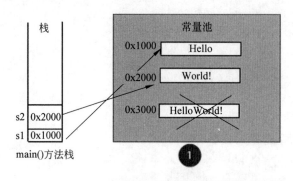

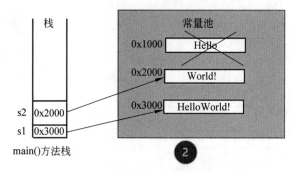

图 9-3　String 对象内存分配示意图

9.3　StringBuilder 类

StringBuilder
类

StringBuilder 代表一组可改变的字符序列。在 String 的使用过程中,经常会创建新的 String 对象,既耗时,又浪费空间。使用 StringBuilder 可以避免发生这种问题,StringBuilder 对字符串的修改都是在原有字符串基础上进行,不会创建新的字符串对象。

9.3.1　StringBuilder 对象的创建

StringBuilder 字符串对象只可以通过动态方式(即使用 new 运算符)创建,通常使用以下 3 种构造方法。

1. StringBuilder()

创建空的 StringBuilder 字符串对象。

例如:

```
StringBuilder sb1=new StringBuilder();
```

2. StringBuilder(int capacity)

创建指定初始空间大小的 StringBuilder 字符串对象,后期可以动态扩展。

例如:

```
StringBuilder sb2=new StringBuilder(10);
```

3. StringBuilder(String str)

用 String 对象创建 StringBuilder 字符串对象。

例如:

```
StringBuilder sb2=new StringBuilder("Hello");
```

9.3.2　StringBuilder 类的使用

1. 字符串长度方法

public int length()。

该方法用于获取字符串的长度。

2. 字符串比较的方法

(1) public int compareTo(StringBuilder s)。

按 Unicode 编码表逐位比较当前字符串与参数串 s 的大小,相同时是 0,不同时会给出第 1 个不同字符之间在 Unicode 编码表中的差值。

(2) public boolean equals(StringBuilder s)。

比较两个字符串对象中的内容是否相同,相同时是 true,不同时是 false。

3. 字符串查找和获取的方法

(1) public char charAt(int index)。

返回当前字符串索引位置是 index 的字符。

(2) public int indexOf(String s)。

返回指定字符串在当前字符串中第 1 次出现的位置。

(3) public int indexOf(String s,int startindex)。

返回索引位置 startindex 后,在当前字符串中字符串 s 第 1 次出现的位置。

(4) public int lastIndexOf(String s)。

返回字符串 s 在当前字符串中最后 1 次出现的位置。

(5) public String substring(int beginIndex, int endIndex)。

从当前字符串 beginIndex 位置的字符开始,到 endIndex 位置的字符结束获取字符串。该字符串包括 beginIndex 位置的字符,但是不包括 endIndex 位置的字符。如果没有 endIndex,则表示从 beginIndex 位置开始到字符串结束。

以上 3 类方法的使用和 String 类似,如例 9-6 所示。

【例 9-6】　StringBuilder 与 String 共同的方法。

```
1  public class Test{
2      public static void main(String[] args) {
```

```
3        StringBuilder sb1=new StringBuilder("abc");
4        StringBuilder sb2=new StringBuilder("abc");
5        StringBuilder sb3=new StringBuilder("Hello World!");
6        System.out.println(sb1.length());              //3
7        System.out.println(sb1.compareTo(sb2));        //0
8        System.out.println(sb1.compareTo(sb3));        //25
9        System.out.println(sb1.equals(sb2));           //false
10       System.out.println(sb1.equals(sb3));           //false
11       System.out.println(sb3.charAt(1));             //e
12       System.out.println(sb3.indexOf("l"));          //2
13       System.out.println(sb3.indexOf("l", 6));       //9
14       System.out.println(sb3.lastIndexOf("l"));      //9
15       System.out.println(sb3.substring(2, 5));       //llo
16    }
17 }
```

运行结果：见代码的单行注释。

代码解释：

第 3~5 行使用动态方式创建了 3 个 StringBuilder 对象。

从第 9、10 行发现，StringBuilder 类中 equals()方法比较的是地址，需要和 String 类中的 equals()方法进行区别。其余方法的使用和 String 中类似，请读者自行分析。

另外，StringBuilder 类没有 String 类中的许多方法，如 equalsIgnoreCase()、startsWith()、endsWith()、concat()、toLowerCase()、toUpperCase()等，如果想使用以上方法，需要将 StringBuilder 对象转换为 String 对象。

4. StringBuilder 中独特的方法

(1) public String toString()。

将 StringBuilder 对象转换成 String 对象。

(2) public StringBuilder append(String s)。

将指定的字符串 s 追加到 StringBuilder 对象末尾。

(3) public StringBuilder insert(int offset，String s)。

将字符串 s 插入 StringBuilder 对象指定的 offset 位置。

(4) public StringBuilder delete(int start，int end)。

删除从 start 位置开始到 end 位置结束的字符串内容。

(5) public StringBuilder replace(int start，int end，String s)。

使用字符串 s 替代从 start 位置开始到 end 位置结束的字符串内容。

(6) public StringBuilder reverse()。

对 StringBuilder 对象中的所有字符数据进行反转。

【例 9-7】 StringBuilder 中独特的方法。

```
1 public class Test{
2    public static void main(String[] args) {
3        StringBuilder sb1=new StringBuilder();
```

```
 4           sb1.append("Hello");
 5           System.out.println(sb1);           //Hello
 6           sb1.append("World!");
 7           System.out.println(sb1);           //HelloWorld!
 8           sb1.insert(5, " ");
 9           System.out.println(sb1);           //Hello World!
10           sb1.delete(5, 12);
11           System.out.println(sb1);           //Hello
12           sb1.replace(2, 4, "ab");
13           System.out.println(sb1);           //Heabo
14           sb1.reverse();
15           System.out.println(sb1);           //obaeH
16       }
17 }
```

运行结果：见代码的单行注释。

代码解释：

StringBuilder 对象是可以改变的字符序列，对它的修改是在原有字符串基础上进行，不会产生新的字符串对象，因此每 1 行对 StringBuilder 对象的修改都保留下来了，这一点和 String 完全不一样，请读者注意掌握。

StringBuilder 对象内存分配示意图如图 9-4 所示。

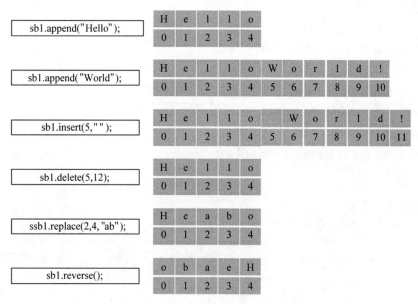

图 9-4　StringBuilder 对象内存分配示意图

9.4　StringBuffer 类

StringBuffer 类和 StringBuilder 类的使用方式几乎完全一样，通过查看源码发现这两个类都继承 AbstractStringBuilder 类。两者的区别在于,StringBuffer 类是线程安全的,因为该类重写 AbstractStringBuilder 类中的方法,并在方法前加上 synchronzied 修饰符;而 StringBuilder 类中的方法只是直接调用父类的方法,没有做其他的改变。

从安全性角度考虑,StringBuffer 类的安全性更高一些;从执行速度上考虑,StringBuilder 类更具有优势,具体选择哪个类,需要看应用场景,读者目前只作了解即可。

StringTo-
kenizer 类

9.5 StringTokenizer 类

按照特定方式对字符串进行切分,科研工作者会经常使用这种方法。例如,人工智能的 NLP(自然语言处理)方向中,需要对字符串的文本数据进行分词工作,即将字符串按指定的分隔符分解成独立的单词,在这种情况下,可以使用位于 java.util 包中的 StringTokenizer 类高效地完成该工作。

1. StringTokenizer 类的构造方法

StringTokenizer 类有两种构造方法,分别是:

(1) StringTokenizer(String s)。

使用默认的分隔符对字符串 s 进行切分。默认的分隔符有空格(多个连续的空格作为 1 个空格处理)、换行符、回车符、Tab 符和进纸符等。

(2) StringTokenizer(String s,String delim)。

使用分隔符 delim 对字符串 s 进行切分。

2. 其他常用方法

(1) public String nextToken()。

获取字符串中的下一个切分子串。

(2) public boolean hasMoreTokens()。

判断该字符串是否还有更多的切分子串。

(3) public int countTokens()。

统计当前字符串中还有多少个切分子串。

【例 9-8】 StringTokenizer 类的使用。

```
1   import java.util.StringTokenizer;
2   public class Test{
3       public static void main(String[] args) {
4           String s="life is simple.you make choices and you don't look back!";
5           StringTokenizer st=new StringTokenizer(s," .!");//以空格、句号和叹号进行切分
6           int n=st.countTokens();
7           while(st.hasMoreTokens()) {
8               String str=st.nextToken();
9               System.out.println(str+" 还剩"+st.countTokens()+"个单词");
10          }
11          System.out.println("一共有单词:"+n+"个");
12      }
13  }
```

运行结果：

life 还剩 10 个单词

is 还剩 9 个单词

simple 还剩 8 个单词

you 还剩 7 个单词

make 还剩 6 个单词

choices 还剩 5 个单词

and 还剩 4 个单词

you 还剩 3 个单词

don't 还剩 2 个单词

look 还剩 1 个单词

back 还剩 0 个单词

一共有单词：11 个

本 章 小 结

本章介绍了字符串类 String、StringBuilder 和 StringBuffer 的概念以及主要方法，读者需要掌握这 3 种字符串类的区别，并在实际工作中灵活应用；掌握 StringTokenizer 类对 String 对象进行切分的使用。

习 题 9

一、单选题

1. 输出结果正确的选项是（　　　）。

```
class ExampleString {
    public static void main(String args[]) {
        String s1, s2;
        s1 =new String("we are students");
        s2 =new String("we are students");
        System.out.println(s1.equals(s2));
        System.out.println(s1 ==s2);
        String s3, s4;
        s3 ="how are you";
        s4 ="how are you";
        System.out.println(s3.equals(s4));
        System.out.println(s3 ==s4);
    }
}
```

A. true false true true   B. true false false true

C. true false true false   D. false false true true

2. 关于下面程序的说法,正确的是(　　　)。

```
String str1 ="hello";
System.out.println(str1);
str1 +=" world!";
System.out.println(str1);
```

    A. hello

       Hello world! ;

    B. 不能编译通过

    C. hello hello world!

    D. hello world!

3. 下列程序的运行结果是(　　　)。

```
class ExampleStringBuilder {
    public static void main(String args[]){
        StringBuilder sb =new StringBuilder("I ");
        sb.append("love ");
        sb.append("Java ");
        System.out.println(sb);
    }
}
```

    A. IloveJava   B. Ilove Java

    C. I love Java   D. 程序无法运行

4. 已知 StringBuilder sb = new StringBuilder ("abc"),则 sb.reverse()后 sb 的值是(　　　)。

    A. abc   B. acb

    C. cba   D. cab

5. 已知 String s = "onetwothree",则 s.substring(1 ,4)的值是(　　　)。

    A. one   B. net

    C. netw   D. two

6. 分析下面的代码,其输出结果是(　　　)。

```
public class Test {
    public static void main(String[] args) {
        String foo ="blue";
        String bar =foo;
        foo ="green";
        System.out.println(bar);
    }
}
```

    A. 1 个异常抛出   B. blue

    C. null   D. green

7. 下列程序的运行结果是(　　　)。

```
String a ="";
a.concat("abc");
a.concat("def");
System.out.println(a);
```

    A. abc   B. 运行时异常

    C. abcdef   D. 正常运行,但没有显示结果

8.下列程序的运行结果是(   )。

```
String a =null;
a.concat("abc");
a.concat("def");
System.out.println(a);
```

    A. abc   B. 运行时异常

    C. abcdef   D. 正常运行,但没有显示结果

9.下列程序的运行结果是(   )。

```
public class Foo {
    public static void main(String[] args) {
        String s;
        System.out.println( "s =" +s );
    }
}
```

    A. s =   B. s = null

    C. 编译错误   D. 运行时异常

10.下列程序的运行结果是(   )。

```
public class Test{
    public static void main(String [] args) {
        String s =new String("Hello");
        modify(s);
        System.out.println(s);
    }
    public static void modify(String s) {
        s +=" world!";
    }
}
```

    A. Hello   B.Hello world!

    C. 编译错误   D. 运行时异常

二、简答题

1.简述 String 对象的创建方式。

2. 简述 String、StringBuilder 和 StringBuffer 的区别。

3. 简述 StringTokenizer 类执行字符串切分的过程。

三、编程题

1. 求指定字符串中特定字符出现的次数,如"Hello World!"中字母"l"出现的次数。

2. 有 3 个字符串,编写程序找出其中最大者。

3. 设定 5 个字符串,要求只打印以"java"结尾的字符串。

4. 判断 1 个字符串是否为回文。

5. 统计字符串所包含的单词数,并逐个分行输出每个单词。

第 10 章 常用工具类

知识要点：

1. Scanner 类

2. Date 类和 Calender 类

3. Math 类

学习目标：

通过本章的学习，读者须掌握常用工具类——Scanner 类、Date 类、Calender 类和 Math 类的使用方法。

10.1　Scanner 类

Scanner 类

在编写程序的过程中，输出和输入是非常常见的操作。控制台输出经常使用 System. out.println()或者 System.out.print()等方式，而输入则需要借助 Scanner 类完成。Scanner 类位于 java.util 包中，可以接收用户从控制台上输入的信息。

1. Scanner 对象的创建

Scanner scanner = new Scanner(System.in);

说明：System.in 表示系统输入，在这里它作为 Scanner 构造方法里的参数出现。这是一种固定搭配的写法。

2. 常用方法

（1）public String next()。

接受用户输入的字符串数据，该方法是阻塞方法，即用户键盘不输入时，程序不会执行后面的代码。

（2）public int nextInt()。

接受用户输入的 int 类型数据。

相似的方法还有 nextDouble()、nextBoolean()等。

（3）public boolean hasNext()。

判断是否还有下一个元素，若有，则返回 true；若没有，则返回 false。

（4）public int hasNextInt()。

判断是否还有下一个 int 类型数据。

相似的方法还有 hasNextDouble()、hasNextBoolean()等。

【例 10-1】　Scanner 类的用法 1。

```
1  import java.util.Scanner;
2  public class Test{
3      public static void main(String[] args) {
```

```
4          Scanner scanner=new Scanner(System.in);
5          System.out.println("请输入第 1 个数");
6          int a=scanner.nextInt();
7          System.out.println("请输入第 2 个数");
8          int b=scanner.nextInt();
9          System.out.println("两个数之和为:"+(a+b));
10         scanner.close();
11     }
12  }
```

运行结果：

请输入第 1 个数
2
请输入第 2 个数
4
两个数之和为:6

代码解释：

第 6 行和第 8 行中，因为 nextInt()是阻塞方法，所以用户必须在控制台键盘输入信息后，程序才可以接着执行。

第 9 行按照表达式默认从左到右的结合顺序，(a+b)没有小括号时的结果是"两个数之和为：24"，为了让 a+b 先运算，使用小括号以提高运算的优先级，结果是"两个数之和为：6"。

第 10 行 scanner 对象在使用完毕后，需要使用 close()方法进行关闭。

【例 10-2】　Scanner 类的用法 2。

```
1  import java.util.Scanner;
2  public class Test{
3      public static void main(String[] args) {
4          Scanner scanner=new Scanner(System.in);
5          System.out.println("请输入第 1 个数");
6          int a=Integer.parseInt(scanner.next());
7          System.out.println("请输入第 2 个数");
8          int b=Integer.parseInt(scanner.next());
9          System.out.println("两个数之和为:"+(a+b));
10         scanner.close();
11     }
12  }
```

运行结果：同上例。

代码解释：

next()方法返回的是 String 类型，为了把 String 类型转换为基本数据类型 int，需要使用包装类 Integer 中的 parseInt()方法进行转换，这种方式在日常编程中会经常使用。

假设要完成学生管理系统中学生信息录入的功能，这时可以借助 Scanner 类完成，见例 10-3。

【例 10-3】 Scanner 类的用法 3。

Student 类

```
1   public class Student {
2       private String sno;
3       private String sname;
4       public Student(String sno,String sname) {
5           this.sno=sno;
6           this.sname=sname;
7       }
8       public void showInfo() {
9           System.out.println("sno:"+sno+" sname:"+sname);
10      }
11  }
```

Test 类

```
1   import java.util.Scanner;
2   public class Test{
3       public static void main(String[] args) {
4           Scanner scanner=new Scanner(System.in);
5           while(true) {
6               System.out.println("请输入学号");
7               String sno=scanner.next();
8               System.out.println("请输入学生姓名");
9               String sname=scanner.next();
10              Student s=new Student(sno,sname);
11              System.out.println("输入学生信息如下:");
12              s.showInfo();
13              System.out.println("是否输入下一个学生的信息(y/n)?");
14              String choice=scanner.next();
15              if(choice.equalsIgnoreCase("n")) {
16                  System.out.println("结束学生信息的录入");
17                  break;
18              }
19          }
20          scanner.close();
21      }
22  }
```

运行结果:

请输入学号
001
请输入学生姓名
zhangsan
输入学生信息如下:

```
sno:001 sname:zhangsan
是否输入下一个学生的信息(y/n)?
y
请输入学号
 2
请输入学生姓名
lisi
输入学生信息如下:
sno:002 sname:lisi
是否输入下一个学生的信息(y/n)?
n
结束学生信息的录入
```

代码解释:

Test 类中第 5 行设置 while 为死循环,第 15 行当用户选择结束录入时,即不区分大小写输入"n"时,使用 break 语句退出循环。

Test 类中第 10 行使用 Student 类中的构造方法创建对象,并把学号和姓名传递到实例变量 sno 和 sname 中保存,第 12 行使用对象名调用 showInfo()方法输出该学生的信息。

Date 类和 Calendar 类

10.2　Date 类和 Calendar 类

Date 类和 Calendar 类都是和时间相关的类。Date 类常用来获取系统的当前时间,并和 SimpleDateFormat 类搭配使用进行日期的格式化。Calendar 类多用于设置和获取日期数据的特定部分,它的功能比 Date 类更强大,在实现方式上比 Date 类更复杂一些。

1. Date 类

该类位于 java.util 包中,用来封装当前的日期和时间。

1) Date 类常用的构造方法

```
public Date()
```

使用当前日期和时间初始化该对象。默认日期格式的输出结果是:Sun Jan 31 18:23:36 CST 2021,不方便用户理解,因此需要格式化输出。

SimpleDateFormat 类可以对 Date 对象进行格式化,也可以把特定格式字符串转换为 Date 对象,该类位于 java.text 包中。

2) SimpleDateFormat 类构造方法

```
public SimpleDateFormat(String pattern)
```

pattern 为格式化设置模式。

3) 常用的方法

(1) public String format(Date d)。

把 Date 对象按照 pattern 方式转换为 String 对象。

(2) public Date parse(String s)。

把满足 pattern 方式的 String 对象转换为 Date 对象。

4）常见的格式化设置模式

（1）y 或者 yy 用两位表示年，yyyy 表示用 4 位输出年；

（2）M 或者 MM 用两位表示月，MMM 表示用中文输出月；

（3）d 或者 dd 用两位表示日；

（4）H 或者 HH 用两位表示小时；

（5）m 或者 mm 用两位表示分；

（6）s 或者 ss 用两位表示秒；

（7）E 表示用字符串输出星期。

【例 10-4】 Date 类和 SimpleDateFormat 类的使用。

```
1   import java.text.ParseException;
2   import java.text.SimpleDateFormat;
3   import java.util.Date;
4   public class Test{
5       public static void main(String[] args) throws ParseException {
6           Date d1=new Date();
7           System.out.println(d1);
8           SimpleDateFormat sdf=new SimpleDateFormat("yyyy年 MM月 dd日 HH时/mm分/ss秒");
9           System.out.println(sdf.format(d1));
10          String s="2008 年 08 月 08 日 08 时/08 分/00 秒";
11          Date d2=sdf.parse(s);
12          System.out.println(d2);
13      }
14  }
```

运行结果：

```
Sun Jan 31 18:23:36 CST 2021
2021 年 01 月 31 日 18 时/23 分/36 秒
Fri Aug 08 08:08:00 CST 2008
```

代码解释：

第 11 行因为 SimpleDateFormat 类中的 parse()方法会抛出检查性异常 ParseException，所以在 main()方法定义中使用 throws 语句抛出该异常，也可以使用 try{}块和 catch{}块搭配处理。

String 对象和 Date 对象的相互转换，会在今后的工作中经常使用。

2. Calendar 类

Calendar 类通过类方法 getInstance()，可以获取 Calendar 对象，而不是通过 new 运算符创建对象。

例如：

```
Calendar c1 =Calendar.getInstance();
```

Calendar 类中有很多和时间、日期相关的常量，可以通过给常量赋值的方式设定时间。

1）Calendar 类中的常量

（1）Calendar.YEAR（年）。

（2）Calendar.MONTH（月）。

（3）Calendar.DATE（日）。

（4）Calendar.HOUR_OF_DAY（时）。

（5）Calendar.MINUTE（分）。

（6）Calendar.SECOND（秒）。

（7）Calendar.DAY_OF_WEEK（星期几，1 代表星期日、2 代表星期一、3 代表星期二，以此类推）。

2）Calendar 类中常用的方法

（1）public void set(int year,int month,int date)。

使用参数设置 Calendar 对象的年、月、日。

（2）public void set(int year,int month,int date,int hourOfDay,int minute,int second)。

使用参数设置 Calendar 对象的年、月、日、时、分、秒。

（3）public int get(int field)。

获取指定常量表示的数值，如指定 field 为 Calendar.YEAR 时，则获取年的信息。

（4）public boolean before(Object when)。

在参数 when 之前返回 true，否则返回 false。

（5）public boolean after(Object when)。

在参数 when 之后返回 true，否则返回 false。

（6）public int compareTo(Calendar anotherCalendar)。

在参数 anotherCalendar 之后的时间返回大于 0 的值；相等时，返回 0；之前的时间，返回小于 0 的值。

（7）public void setTime(Date date)。

使用 Date 对象的信息设置 Calendar 对象中的参数。

（8）public Date getTime()。

把 Calendar 对象转换成 Date 对象。

【例 10-5】 Calendar 类的使用。

```
1  import java.util.Calendar;
2  import java.util.Date;
3  public class Test{
4      public static void main(String[] args) {
5          Calendar c1=Calendar.getInstance();
6          Calendar c2=Calendar.getInstance();
7          c1.set(2020, 10, 1);
8          c2.set(2021, 1, 31, 18, 10, 20);
9          System.out.println(c1.get(Calendar.YEAR));      //2020
10         System.out.println(c1.get(Calendar.MONTH));     //10
11         System.out.println(c1.get(Calendar.DATE));      //1
12         System.out.println(c1.before(c2));              //true
```

```
13              System.out.println(c1.after(c2));                //false
14              System.out.println(c1.compareTo(c2));            //-1
15              c1.setTime(new Date());
16              System.out.println(c1.get(Calendar.YEAR));       //2021
17              Date d=c1.getTime();
18              System.out.println(d);//Sun Jan 31 19:19:53 CST 2021
19      }
20  }
```

运行结果：见代码的单行注释。

读者执行程序时，运行结果可能和本例中有所不同。

10.3　Math 类

Math 类

Math 类是用来处理数学运算相关的类，它位于 java.lang 包中，可以在程序中直接使用。Math 类中包括了很多类方法，如指数运算、对数运算、取整运算、求平方根运算等。类方法可以使用"类名.方法名()"的形式调用。由于 Math 类是由 final 修饰的，因此它不可以被继承。

1. Math 类中的类常量

（1）Math.E（自然对数）。

（2）Math.PI（圆周率）。

2. Math 类中的常用方法

（1）public static long abs(double a)。

求参数 a 的绝对值。

（2）public static double max(double a，double b)。

求参数 a 和 b 中较大的数。

（3）public static double min(double a，double b)。

求参数 a 和 b 中较小的数。

（4）public static double random()。

获取 1 个 0.0～1.0 的随机数。边界值包括 0.0，不包括 1.0。

（5）public static long round(double a)。

四舍五入，获取最接近 a 的长整数。

（6）public static double floor(double a)。

向下取整，获取最接近 a 的整数，返回时做类型上转型操作，返回类型是 double 类型。形象记忆，floor 的原意为"地板"。

（7）public static double ceil(double a)。

向上取整，获取最接近 a 的整数，返回时做类型上转型操作，返回类型是 double 类型。形象记忆，ceil 的原意为"天花板"。

（8）public static double pow(double a，double b)。

求参数 a 的 b 次幂。

（9）public static double sqrt(double a)。

求参数 a 的平方根。

（10）public static double log(double a)。

求参数 a 的对数。

（11）public static double sin(double a)。

求参数 a 的正弦值。

（12）public static double asin(double a)。

求参数 a 的反正弦值。

另外，还有求余弦值、反余弦值、正切值、反正切值的计算方法，这里就不再赘述。

【例 10-6】 Math 类的使用。

```
1  public class Test{
2      public static void main(String[] args) {
3          System.out.println(Math.E);                              //2.718281828459045
4          System.out.println(Math.PI);                             //3.141592653589793
5          System.out.println(Math.abs(-5));                        //5
6          System.out.println(Math.max(1.2, -0.8));                 //1.2
7          System.out.println(Math.min(1.2, -0.8));                 //-0.8
8          System.out.println(Math.max(Math.max(1.2,-0.8), 10));    //10.0
9          System.out.println(Math.min(Math.min(1.2,-0.8), -10));   //-10.0
10         System.out.println(Math.random());                      //0.9736409132617059
11         System.out.println((int)(Math.random() * 35)+1);        //17
12         System.out.println(Math.round(1.5));                    //2
13         System.out.println(Math.round(-1.3));                   //-1
14         System.out.println(Math.floor(1.9));                    //1.0
15         System.out.println(Math.floor(-1.1));                   //-2.0
16         System.out.println(Math.ceil(1.1));                     //2.0
17         System.out.println(Math.ceil(-1.9));                    //-1.0
18         System.out.println(Math.pow(2, 4));                     //16.0
19         System.out.println(Math.sqrt(16));                      //4.0
20         System.out.println(Math.sin(1));                        //0.8414709848078965
21         System.out.println(Math.asin(0));                       //0.0
22     }
23  }
```

运行结果：见代码的单行注释。

代码解释：

第 8、9 行是从多个数中获取最大值和最小值的使用方式。

第 11 行是从 1～35 随机获取一个整数的写法。Math.random() * 35 可以获取 0～35，但是不包括边界 35.0 的随机浮点数，(int)(Math. random() * 35)可以获取 0～34 的随机整数，(int)(Math.random() * 35)+1 则可以获取 1～35 的随机整数。

第 12～17 行读者可以参照图 10-1 所示的数轴图自行理解。

【例 10-7】 使用 Math 类中的 random()方法实现 35 选 7。

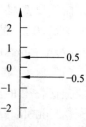

图 10-1 数轴图

```
1   public class Test {
2       public static void main(String[] args) {
3           int[] a =new int[7];
4           int i =0;
5           while (true) {
6               int temp =(int) (Math.random() * 35) +1;
7               if (!check(a, temp)) {
8                   a[i++] =temp;
9               }
10              if (i ==7) {
11                  break;
12              }
13          }
14          print(a);
15      }
16      public static boolean check(int[] a, int temp) {
17          for (int i =0; i <a.length; i++) {
18              if (a[i] ==temp) {
19                  return true;
20              }
21          }
22          return false;
23      }
24      public static void print(int[] a) {
25          for (int temp : a) {
26              System.out.print(temp +"   ");
27          }
28      }
29  }
```

运行结果：

26 5   6   32   15   29   35 (读者的运行结果可能有所不同)

代码解释：

为了让程序结构更加清晰,在 Test 类中设置了两个类方法——check()方法和 print()
方法。check()方法用来检测 1 个数是否在数组中存在,若存在,则返回 true;若不存在,则
返回 false。print()方法用来输出数组中的所有元素。

在 main()方法中,第 3 行定义了能存放 7 个 int 类型数据的数组,第 4 行用变量 i 表示
数据放置的位置,第 5 行设置了死循环,同时在第 10 行设置了退出条件,即放置位置的变量 i
为 7 时,退出死循环。

第 6 行每次循环产生 1 个 1~35 的随机整数,第 7 行调用 check()方法判断该随机整数
是否在数组中出现,如果没有出现,则把这个随机整数放在变量 i 指定的数组位置中保存,
当退出循环时,说明 7 个随机整数都已经获得,第 14 行调用 print()方法,输出数组中的所
有元素。

3. NumberFormat 类

java.text 包中的 NumberFormat 类可以格式化输出数字。NumberFormat 的相关方法有如下几种。

(1) public void setMaximumFractionDigits(int newValue)。

用参数 newValue 设置最多小数位数。

(2) public void setMinimumFractionDigits(int newValue)。

用参数 newValue 设置最少小数位数。

(3) public void setMaximumIntegerDigits(int newValue)。

用参数 newValue 设置最多整数位数。

(4) public void setMinimumIntegerDigits(int newValue)。

用参数 newValue 设置最少整数位数。

【例 10-8】 使用 NumberFormat 类实现数字的格式化。

```
1  import java.text.NumberFormat;
2  public class Test {
3      public static void main(String[] args) {
4          double a=Math.sqrt(123);
5          System.out.println(a);              //11.090536506409418
6          NumberFormat nf=NumberFormat.getInstance();
7          nf.setMaximumFractionDigits(7);
8          nf.setMinimumIntegerDigits(3);
9          System.out.println(nf.format(a));   //011.0905365
10     }
11 }
```

运行结果：见代码的单行注释。

代码解释：

第 8 行设置最少整数位数为 3，如果整数位数不够，则用 0 补位。

本 章 小 结

本章介绍了 Scanner 类、Date 类、Calendar 类与 Math 类的主要用法。通过本章的学习，读者应该掌握如何使用 Scanner 类进行系统输入，Date 类和 Calendar 类的区别以及使用 SimpleDateFormat 类日期格式化，并会用 Math 类中的方法进行数学运算。

习 题 10

一、单选题

1. Scanner 类在下面哪个包中？（　　　）

    A. java.lang   B. java.util

    C. java.io   D. java.awt

2. 下面代码得到的结果是（　　　）。

```
Math.floor(1.2 + Math.ceil(Math.random()));
```

    A. 1.0   B. 2.0

    C. 一个随机值   D. 3.0

3. (   )方法可以求绝对值。

    A. Math.sqrt()   B. Math.pow()

    C. Math.abs()   D. Math.max()

4. SimpleDateFormat 类在下面的哪个包中？(   )

    A. java.lang   B. java.util

    C. java.io   D. java.text

5. 下面代码得到的结果是(   )。

```
int i = ((int) Math.random() + 3) % 2;
```

    A. 0   B. 1

    C. 编译错误   D. 一个随机值

6. 在下列日期格式中代表"星期"的是(   )。

    A. yyyy   B. MM

    C. E   D. ss

7. 如何获取 Calendar 对象？(   )。

    A. Calendar.getInstance();

    B. new Calendar();

    C. 无法获取该对象

    D. new Calendar("systemtime");

二、简答题

1. 简述 Date 类和 Calendar 类的区别。

2. 简述 Scanner 类的使用。

3. 简述 Math 类中的 round()、ceil()和 floor()方法的区别。

三、编程题

1. 从键盘上录入一个数,如果是 int 类型,则输出该值,否则提示"该录入值不是 int 类型!"。

2. 编写应用程序,定制日期输出格式。如:星期日-二月-1 日-2021 年。

3. 从键盘循环录入 5 个整数,放在数组中保存,并逆序输出该数组中的所有元素。

4. 用户在键盘上依次输入若干整数,每输入一个整数需要按回车键确认,最后在键盘上输入一个数字 0 结束整个输入过程。求输入整数的和与平均值。

第 11 章　综合项目案例

通过前面几个章节的学习，相信读者已经掌握了 Java 语言基本语法以及面向对象编程的主要内容和编程思想。本章将采用项目案例的方式，加深读者对 Java 应用程序的理解，培养读者综合运用所学知识的实践能力。

11.1　项 目 说 明

企业资源管理系统是企业信息化不可缺少的组成部分，它能够为企业用户提供充足的信息以及快捷的查询手段，它的建立对于企业的决策者和管理者来说至关重要。

但是，一直以来，多数企业都是使用传统的人工方式管理文件档案，这种管理方式存在许多弊端，例如效率低、保密性差、容易产生大量重复的文件和数据等，这为信息的查找、更新和维护带来不少困难。

使用计算机进行企业资源信息管理，比手工管理具有更多的优点，例如检索迅速、查找方便、可靠性高、存储量大、保密性好、寿命长、成本低等。这些优点能够极大地提高企业资源管理的效率，也是企业的科学化、正规化管理，与世界接轨的重要条件。

该项目的员工管理系统（Employee Management System，EMS）是企业资源管理系统的一部分，主要是针对企业内部人员信息的管理，包括对员工信息的增加、删除、修改以及查询等，旨在帮助企业有效地维护和管理员工的相关信息，从而提高企业的人力资源核心竞争力。

11.2　项 目 分 析

该项目的主要功能包括以下几个部分：

1. 创建员工管理包 ems

该包方便项目程序的统一管理，所有项目相关的程序都必须放在该包中。

2. 创建 Employee 类

该类用来封装员工的基本信息、具体成员变量，以及对成员变量的描述，见表 11-1。每个成员变量都是私有访问权限，同时为每个私有成员自动生成两个公有的 get() 和 set() 方法对其操作，这里自动生成的方式可参见前面章节。

表 11-1　Employee 类中的成员变量

成员变量名	变量类型	变量描述
employee_id	int	员工编号
employee_name	String	员工姓名

成员变量名	变量类型	变量描述
email	String	邮箱
phone_number	String	电话号码
hire_date	Date	入职时间
job	String	工作种类
salary	double	工资
department	String	所在部门

3. 创建 EmsDao 类

该类负责对员工信息进行录入、删除、修改、查找等。Dao 是 Data Access Object 的缩写,即数据访问对象。

员工信息的存放使用 Employee[]数组,在该数组中每个元素都是 1 个 Employee 对象,而在 Employee 对象中,保存表 11-1 中 8 个成员变量的数据。

具体对员工信息操作的功能和下面几个方法对应。

1) 录入员工信息的方法

```
public int addEmployee(Employee e)
```

该方法用 Employee 类型的对象 e 作为参数执行添加操作,方便封装数据的管理,否则会造成方法参数过多,出现不必要的编译错误。假设不用对象 e 作为参数,为了录入该员工的所有信息,该方法需要定义 8 个参数,分别给表 11-1 中的 8 个成员变量赋值。

这种使用对象作为参数的用法,希望读者能够理解并掌握。

方法的返回类型可以是 boolean 类型,也可以是 int、String 等类型。

(1) boolean 类型只可以表示 true 或 false。例如,若添加成功,则返回 true;若添加失败,则返回 false。

(2) int 类型或者 String 类型可以表示多种情况。以 int 为例,例如 0 表示添加失败,1 表示添加成功,2 表示该员工号已存在等多种情况。

2) 删除员工信息的方法

```
public int deleteEmployeeById(int eid)
```

该方法使用员工编号执行删除员工信息操作。因为员工编号作为员工的唯一标识,可以唯一代表 1 个员工,所以删除时只借助员工编号即可。

3) 修改员工信息的方法

```
public int updateEmployee(Employee e)
```

该方法中的参数 e 对象封装了员工信息修改后的数据,可以作为整体替代原有员工对象的数据。

4) 查找员工信息的方法

```
public Employee getEmployeeInfoById(int eid)
```

该方法使用员工编号 eid 查找该员工的所有信息数据。如果查到该员工,就把员工信息作为对象返回,所以该方法的返回类型为 Employee;如果没有查到该员工,则返回 null。

5)查找所有员工信息的方法

```
public void getAllEmployeeInfo()
```

该方法对保存所有员工信息的 Employee[] 数组进行迭代输出。

4. 创建 MainClass 类

该类负责整个员工管理系统的调度管理,Employee 类和 EmsDao 类相当于该项目中的资源,而 MainClass 类负责调用这两个类完成整个管理系统。MainClass 类就像汽车运行公司里的车辆调度单一样,而 Employee 类和 EmsDao 类相当于车辆和路线,有了调度单,就可以安排线路运行的事项了。

该类中的 showMassage()方法负责显示操作菜单,在 main()方法中根据用户对操作菜单的选择,调用 Employee 类和 EmsDao 类共同完成员工管理的各项功能。

5. 创建 EmsException 类

该类负责封装异常信息,在特定条件满足时创建该类的对象并赋予错误信息后被抛出以及处理。

11.3 项 目 实 现

1. Employee 类

具体代码如下:

```
1   package javaoo.ems;
2   import java.util.*;
3   public class Employee {
4       private int employee_id;
5       private double salary;
6       private Date hire_date;
7       private String employee_name,email,phone_number,job,department;
8       public int getEmployee_id() {
9           return employee_id;
10      }
11      public void setEmployee_id(int employee_id) {
12          this.employee_id =employee_id;
13      }
14      public double getSalary() {
15          return salary;
16      }
17      public void setSalary(double salary) {
18          this.salary =salary;
19      }
20      public Date getHire_date() {
21          return hire_date;
```

```
22          }
23          public void setHire_date(Date hire_date) {
24              this.hire_date =hire_date;
25          }
26          public String getEmployee_name() {
27              return employee_name;
28          }
29          public void setEmployee_name(String employee_name) {
30              this.employee_name =employee_name;
31          }
32          public String getEmail() {
33              return email;
34          }
35          public void setEmail(String email) {
36              this.email =email;
37          }
38          public String getPhone_number() {
39              return phone_number;
40          }
41          public void setPhone_number(String phone_number) {
42              this.phone_number =phone_number;
43          }
44          public String getJob() {
45              return job;
46          }
47          public void setJob(String job) {
48              this.job =job;
49          }
50          public String getDepartment() {
51              return department;
52          }
53          public void setDepartment(String department) {
54              this.department =department;
55          }
56      }
```

代码解释:

该类用来封装从控制台输入的员工数据。所有成员变量都用 private 修饰,同时为每个成员变量提供对应的 get()和 set()方法。

第 1 行是管理包 ems 的定义,第 2 行引入 java.util. * 是为了使用包中的 Date 类。

2. EmsDao 类

具体代码如下:

```
1   package javaoo.ems;
2   import java.text.SimpleDateFormat;
```

```java
 3  public class EmsDao {
 4      private Employee[] company=new Employee[2];
 5      SimpleDateFormat sdf =new SimpleDateFormat("yyyy-MM-dd");
 6      public int addEmployee(Employee e) {
 7          for(int i=0;i<company.length;i++) {
 8              if(company[i]==null) {
 9                  company[i]=e;
10                  return 1;
11              }
12          }
13          return 0;
14      }
15
16      public int updateEmployee(Employee e) {
17          for(int i=0;i<company.length;i++) {
18              if(company[i].getEmployee_id()==e.getEmployee_id()) {
19                  company[i]=e;
20                  return 1;
21              }
22          }
23          return 0;
24      }
25
26      public int deleteEmployeeById(int eid) {
27          for(int i=0;i<company.length;i++) {
28              if(company[i]!=null) {
29                  if(company[i].getEmployee_id()==eid) {
30                      company[i]=null;
31                      return 1;
32                  }
33              }
34          }
35      return 0;
36      }
37
38      public Employee getEmployeeInfoById(int eid) {
39          for(int i=0;i<company.length;i++) {
40              if(company[i]!=null&&company[i].getEmployee_id()==eid) {
41                  return company[i];
42              }
43          }
44          return null;
45      }
```

```
46      public void getAllEmployeeInfo() {
47          for(Employee e:company) {
48              if (e !=null) {
49                  System.out.println("员工编号:" +e.getEmployee_id() +
50                      " 姓名:" +e.getEmployee_name() +
51                      " 邮箱:" +e.getEmail()+
52                      "电话号码:" +e.getPhone_number() +
53                      "入职时间:" +sdf.format(e.getHire_date()) +
54                      "工作类别:" +e.getJob() +
55                      " 工资:"+e.getSalary() +
56                      "部门名称:" +e.getDepartment());
57              }
58          }
59      }
60  }
```

代码解释:

该类负责员工信息管理。例如,查询单个员工信息、查询所有员工信息、录入员工信息、删除员工信息和更新员工信息等功能。

第2行引入 SimpleDateFormat 类进行日期的格式化。

第4行定义了1个只能存放2个员工信息的数组 company,为了能够演示"人数已满,录入失败!"的效果而设定,读者在实际使用中可以调整。由于该数组中的元素是 Employee 即引用类型,系统默认赋初值 null。

第6~14行 addEmployee()方法中,通过循环判断哪个位置的元素为 null,如果为 null,说明这个位置就可以添加新员工信息,之后返回1,表示添加成功,循环结束时,则返回0,表示添加失败。

第16~24行 updateEmployee()方法中,参数为要更新的员工对象 e,里面封装了要更新员工的所有数据。

通过循环判断要更新的员工编号和数组中的哪个员工编号相同,如果相同,就执行信息的替代操作,返回1表示更新成功;循环结束时,返回0表示更新失败。

细心的读者会发现该方法和 addEmployee()方法很像,在实际的项目中这两个方法是可以合并的,请读者自行实验。

第26~36行 deleteEmployeeById()方法中,通过循环判断要删除的员工编号是否和数组中的某个元素的员工编号相等,如果相等,就将这个员工对象的位置设置为 null。第28行需要非空判断 company[i]! =null,否则会出现空指针异常,因为数组中的特定位置的元素是 null 时,调用 getEmployee_id()就会引发异常。返回1表示删除成功,循环结束时,则返回0表示删除失败。

第38~45行 getEmployeeInfoById()方法中,通过循环判断数组中是否有该员工存在,如果存在,则返回该员工对象,否则返回 null。在条件判断时,必须先判断 company[i]! =null,否则也会出现空指针异常。

第46~59行 getAllEmployeeInfo()方法中,通过循环输出数组中的每个员工信息。

3. EmsException 类

具体代码如下：

```
1  package javaoo.ems;
2  public class EmsException extends Exception {
3      public EmsException(String msg) {
4          super(msg);
5      }
6  }
```

代码解释：

EmsException 类继承自 Exception 类，该类对象可以使用 throw 或者 throws 抛出并捕获处理，msg 为异常消息，需要读者按实际情况填写。

4. MainClass 类

该类中显示了菜单提示信息的方法 showMessage()，代码如下所示：

```
public static void showMessage() {
    System.out.println();
    System.out.println("********** 企业员工管理系统********");
    System.out.println("**********1 查询员工信息************");
    System.out.println("**********2 查询所有员工信息********");
    System.out.println("**********3 录入员工信息************");
    System.out.println("**********4 删除员工信息************");
    System.out.println("**********5 更新员工信息************");
    System.out.println("**********6 退出******************");
    System.out.println("请选择操作...");
    System.out.println();
}
```

执行键盘录入的核心代码，如下所示：

```
Scanner c = new Scanner(System.in);
...
String s = c.next();
if ("1".equals(s)) {
    //查询员工信息
}
if ("2".equals(s)) {
    //查询所有员工信息
}
if ("3".equals(s)) {
    //录入员工信息
}

if ("4".equals(s)) {
    //删除员工信息
}
```

```
if ("5".equals(s)) {
    //更新员工信息
}
if ("6".equals(s)) {
    //退出
}
```

这里也可以用 switch 条件分支语句替代，读者可以自行完成。

MainClass 类的具体代码如下所示：

```
1   package javaoo.ems;
2   import java.text.SimpleDateFormat;
3   import java.util.Scanner;
4   public class MainClass {
5       public static void showMessage() {
6           System.out.println();
7           System.out.println("********** 企业员工管理系统********");
8           System.out.println("**********1 查询员工信息************");
9           System.out.println("**********2 查询所有员工信息********");
10          System.out.println("**********3 录入员工信息************");
11          System.out.println("**********4 删除员工信息************");
12          System.out.println("**********5 更新员工信息************");
13          System.out.println("**********6 退出******************");
14          System.out.println("请选择操作...");
15          System.out.println();
16      }
17
18      public static void main(String[] args) {
19          EmsDao dao = new EmsDao();
20          Scanner c = new Scanner(System.in);
21          SimpleDateFormat sdf = new SimpleDateFormat("yyyy-MM-dd");
22          while (true) {
23              try {
24                  showMessage();
25                  String s = c.next();
26                  if ("6".equals(s)) {
27                      System.out.println("退出系统...");
28                      break;
29                  }
30                  if ("1".equals(s)) {
31                      System.out.println("请输入待查询的员工编号:");
32                      int eid = c.nextInt();
33                      Employee e = dao.getEmployeeInfoById(eid);
34                      if (e == null) {
35                          throw new EmsException("没有相关员工信息");
36                      } else {
```

```java
37              System.out.println("**********基本信息如下*****************");
38              System.out.print("员工编号:" +e.getEmployee_id());
39              System.out.print("  姓名:" +e.getEmployee_name());
40              System.out.print("  邮箱:" +e.getEmail());
41              System.out.print("电话号码:" +e.getPhone_number());
42              System.out.print("入职时间:" +sdf.format(e.getHire_date()));
43              System.out.print("工作类别:" +e.getJob());
44              System.out.print("    工资:" +e.getSalary());
45              System.out.println("部门名称:" +e.getDepartment());
46                      }
47                  }
48              if ("2".equals(s)) {
49                  dao.getAllEmployeeInfo();
50              }
51              if ("3".equals(s)) {
52
53              System.out.println("请输入员工编号:(该项为数字)");
54                  int eid =c.nextInt();
55                  Employee e =dao.getEmployeeInfoById(eid);
56                  if (e !=null) {
57                      System.out.println("该员工已存在!");
58                  } else {
59                      e =new Employee();
60                      e.setEmployee_id(eid);
61                      System.out.println("请输入姓名:");
62                      String msg =c.next();
63                      e.setEmployee_name(msg);
64                      System.out.println("请输入 E-mail:");
65                      msg =c.next();
66                      e.setEmail(msg);
67                      System.out.println("请输入电话号码:");
68                      msg =c.next();
69                      e.setPhone_number(msg);
70              System.out.println("请输入入职时间:(格式如 2021-2-1)");
71                      msg =c.next();
72                      e.setHire_date(sdf.parse(msg));
73                      System.out.println("请输入工作类别:");
74                      msg =c.next();
75                      e.setJob(msg);
76              System.out.println("请输入工资:(该项为数字)");
77                      msg =c.next();
78                      e.setSalary(Double.parseDouble(msg));
79              System.out.println("请输入部门名称:(该项为数字)");
80                      msg =c.next();
81                      e.setDepartment(msg);
```

```
82              int i =dao.addEmployee(e);
83              if (i !=0) {
84                  System.out.println("已录入");
85              } else {
86              throw new EmsException("人数已满,录入失败!");
87              }
88          }
89      }
90      if ("4".equals(s)) {
91          System.out.println("请输入删除员工编号:");
92          while (true) {
93              int eid =c.nextInt();
94              Employee e =dao.getEmployeeInfoById(eid);
95              if (e ==null) {
96          System.out.println("输入编号有误,请重新输入!");
97          System.out.println("请输入删除员工的编号:");
98              } else {
99                  System.out.println("是否真的删除?(Y/N)");
100                 String choice =c.next();
101                 if ("y".equalsIgnoreCase(choice)) {
102                     dao.deleteEmployeeById(eid);
103                     System.out.println("已删除");
104                 }
105                 break;
106             }
107         }
108     }
109     if ("5".equals(s)) {
110         System.out.println("请输入更新员工编号:");
111         while (true) {
112             int eid =c.nextInt();
113             Employee e =dao.getEmployeeInfoById(eid);
114             if (e ==null) {
115         System.out.println("输入员工编号有误,请重新输入!");
116         System.out.println("请输入更新员工编号:");
117             } else {
118 System.out.println("你要更新的员工编号为:" +e.getEmployee_id());
119 System.out.println("员工姓名原为:" +e.getEmployee_name());
120             System.out.println("新员工姓名为:");
121             String msg =c.next();
122             e.setEmployee_name(msg);
123
124     System.out.println("E-mail 原为:" +e.getEmail());
125             System.out.println("新 E-mail 为:");
126             msg =c.next();
127             e.setEmail(msg);
128
```

```
129            System.out.println("电话号码原为:"+e.getPhone_number());
130                    System.out.println("新电话号码为:");
131                    msg =c.next();
132                    e.setPhone_number(msg);
133

134 System.out.println("入职时间原为:"+sdf.format(e.getHire_date()));
135                System.out.println("新入职时间为:(格式如 2021-2-1)");
136                    msg =c.next();
137                    e.setHire_date(sdf.parse(msg));
138

139        System.out.println("工作类别原为:"+e.getJob());
140            System.out.println("新工作类别为:");
141            msg =c.next();
142            e.setJob(msg);
143

144        System.out.println("工资原为:"+e.getSalary());
145        System.out.println("新工资为:(该项为数字)");
146            msg =c.next();
147            e.setSalary(Double.parseDouble(msg));
148

149        System.out.println("部门名称原为:"+e.getDepartment());
150        System.out.println("新部门名称为:(该项为数字)");
151            msg =c.next();
152            e.setDepartment(msg);
153

154            int i =dao.updateEmployee(e);
155            if (i !=0) {
156                System.out.println("已更新");
157            } else {
158            System.out.println("信息有误,更新失败!");
159            }
160            break;
161        }
162    }
163    }
164    } catch (EmsException e) {
165        System.out.println(e.getMessage());
166    } catch (Exception e) {
167        System.out.println(e.getMessage());
168    }
169    }
170    }
171 }
```

代码解释:

该类负责整个企业员工管理系统的调用。主要功能包括显示菜单提示信息,要求从键盘录入数据,并通过判断决定执行 EmsDao 类中的相关方法,进而执行员工信息的添加、更改、删除和查询等操作。

第 19~21 行分别产生 EmsDao 对象、Scanner 对象和 SimpleDateFormat 对象,在整个程序中产生 1 次就可以,千万不要放在循环中,否则会产生大量对象,占用系统资源,最终出现死机现象。

第 22 行 while(true)表示死循环,一般在死循环体中先写退出死循环的操作,即第 26~29 行代码。由于菜单提示信息在用户操作后总会出现,所以放在代码的前段显示,即在第 24 行调用。

第 34~35 行当查询的员工不存在时,抛出自定义异常 EmsException 对象,并传递异常信息。

第 55~58 行当录入员工信息时,首先需要判断该员工是否存在,如果存在,则提示错误信息,否则需要接着录入员工的其他信息。

第 94~98 行当删除员工信息时,首先需要判断该员工是否存在,如果存在,则执行删除操作,否则提示错误信息。

第 113~117 行当更新员工信息时,首先需要判断该员工是否存在,如果存在,则执行更新操作,否则提示错误信息。

项目实现的效果如图 11-1~图 11-7 所示。

```
********* 企业员工管理系统********
**********1 查询员工信息***********
**********2 查询所有员工信息*********
**********3 录入员工信息***********
**********4 删除员工信息***********
**********5 更新员工信息***********
**********6 退出****************
请选择操作...
```

图 11-1　员工管理系统菜单

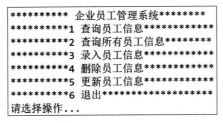

图 11-2　录入员工信息

```
请输入待查询的员工编号:
1
**********基本信息如下*****************
员工编号:1        姓名:王建国      邮箱: jianguo@163.com电话号码:13555555555
```

图 11-3　查询员工信息

```
员工编号:1        姓名:王建国      邮箱: jianguo@163.com电话号码:135555555
员工编号:2        姓名:李雪琴      邮箱: xueqin@qq.com电话号码:13666666666
```

图 11-4　查询所有员工信息

```
你要更新的员工编号为: 1
员工姓名原为: 王建国
新员工姓名为:
王爱国
E-mail原为: jianguo@163.com
新E-mail为:
aiguo@163.com
电话号码原为: 13555555555
新电话号码为:
13888888888
入职时间原为: 2010-01-01
新入职时间为: (格式如2021-2-1)
2010-3-1
工作类别原为: 经理
新工作类别为:
总经理
工资原为: 10000.0
新工资为: (该项为数字)
15000
部门名称原为: 人事
新部门名称为: (该项为数字)
人事
已更新
```

图 11-5　更新员工信息

```
请输入删除员工的编号:
2
是否真的删除?(Y/N)
y
已删除
```

图 11-6　删除员工信息

```
请选择操作...

6
退出系统...
```

图 11-7　退出

本 章 小 结

本章以 EMS 作为背景,综合运用本书中的重要知识点,例如流程控制语句、类的创建以及对象的使用、方法的定义与调用、字符串、键盘键入和异常类等,旨在为读者展现相对完整的小型 Java 应用项目,进一步培养读者的面向对象编程思维。

综 合 练 习

要求学生分组完成对部门信息的添加、删除、修改和查询等操作。

参考答案

第1章　认识Java语言

课堂练习1

1.（1）C　　　　（2）B　　　　2. D　　　　3. A

课堂练习2

读者自行下载、安装练习。

课堂练习3

1. C　　　　2. B　　　　3. D

习题1

一、单选题

1. A　　　　2. A　　　　3. B　　　　4. C

二、简答题

1. 简述Java语言的特点。

答：Java语言具有简单性、面向对象、分布式、健壮和安全性、平台独立与可移植性、多线程等特点。

2. 简述Java程序的运行机制。

答：Java程序的执行过程可以分为三步，分别是：编写源文件、编译源文件和解释运行Java程序。

3. 简述Java程序源文件命名的规则。主类是否必须是public类？

答：Java程序源文件中最多只能有一个类是public修饰的类，并且源文件的名字必须与这个public类的类名完全一致。包含主方法的类称为主类。主类可以是public类，也可以不是。

4. Java程序中是否必须有public类？一个程序中可以有几个public类？

答：一个Java程序中可以没有public类。Java程序源文件中最多只能有一个类是public修饰的类。

5. 假设类中有如下方法：

```
public static void main(int args[]){
}
```

那么这个main()方法是否为主方法？

答：该方法不是主方法，主方法的定义如：public static void main(String args[])

三、编程题

```
1. public class Sentence {
       public static void main(String[] args) {
           System.out.println("为天地立心");
           System.out.println("为生民立命");
           System.out.println("为往圣继绝学");
           System.out.println("为万世开太平");
       }
   }
```

第2章　Java 语言编程基础

课堂练习 1

1. D　　　　2. C

课堂练习 2

1. C　　　2. D　　　3. A　　　4. D　　　5. C　　　6. B

课堂练习 3

1. A　　　2. C　　　3. D　　　4. A　　　5. D　　　6. C

课堂练习 4

1. C　　　2. B　　　3. B　　　4. A　　　5. A　　　6. D

习题 2

一、单选题

1. B　　　2. D　　　3. C　　　4. C　　　5. B　　　6. B
7. C　　　8. B　　　9. B　　　10. A　　　11. C　　　12. A

二、简答题

1. Java 语言中的基本数据类型有哪几种？如何进行转换？

答：Java 语言中的基本数据类型有 8 种，分别是整型（4 种）、浮点型（2 种）、字符型、布尔型。转换时根据转换方向不同，分为自动类型转换和强制类型转换两种。自动类型转换的规则为：表示范围小的数据类型可以自动转换为表示范围大的数据类型。表示范围大的数据类型要转换成表示范围小的数据类型，需要使用强制类型转换，这种使用可能导致数据信息丢失。强制类型转换的格式为：（强转类型）变量名；

2. 运算符"＋"的两种用法分别是什么？

答：当"＋"左右两边都为数值时，其为算术运算符；当"＋"左右两边有字符串出现时，其为连接运算符。

3. 简述 switch 条件语句的用法。

答：switch 语句的执行过程为：①计算出 switch 表达式的结果；②把该结果依次和 case 分支的常量进行比较；③如果不相等,则忽略该分支；④如果相等,则执行该 case 分支；⑤若所有条件都不成立,则执行 default 部分；⑥在执行任何 1 个分支的过程中,若遇到 break 语句,则中断整个 switch 语句的执行。

4. 逻辑运算符"|"与"||"的区别是什么？

答："|"称为非短路运算符,表示逻辑运算符左右两边的表达式都需要进行运算,"||"称为短路(断路)运算符,当左边表达式的运算结果为 true 时,右边表达式被短路了,不再参与运算。

5. 循环语句有哪几种？简述它们之间的区别。

答：循环语句主要有 3 种：while 循环语句、do-while 循环语句和 for 循环语句。

while 循环语句：先进行条件判断,如果条件满足,则会不断执行循环体中的语句,如果条件不满足,则退出循环体。最特殊的情况下,循环体一次也不执行。

do-while 循环语句：先执行循环体中的语句,再判断循环条件,如果条件满足,则接着执行循环体中的语句；如果条件不满足,则退出循环体。最特殊的情况下,循环体至少执行一次。

for 循环语句：与 while 循环语句类似,先进行条件判断,如果条件满足,则会不断执行循环体中的语句；如果条件不满足,则退出循环体。for 循环通常适合在循环次数确定的情况下使用。

三、编程题

```java
1. public class Test{
    public static void main(String args[]) {
        System.out.println("100～999 所有的水仙花数:");
        for (int n =100; n <=999; n++) {
            int i =n %10; // 个位
            int j = (n %100) / 10; // 十位 (n / 10) %10 也可以
            int k =n / 100; // 百位
            if (i * i * i +j * j * j +k * k * k ==n) {
                System.out.print(n +" ");
            }
        }
    }
}
```

```java
2. public class Test{
    public static void main(String args[]) {
        int score =88;
        System.out.print("用 if-else if 语句实现:");
        if (score <60) {
            System.out.print(score +"不及格"); // 0～59
        } else if (score <70) {
            System.out.print(score +"及格"); // 60～69
        } else if (score <80) {
```

```java
            System.out.print(score +"中等"); // 70~79
        } else if (score <90) {
            System.out.print(score +"良好"); // 80~89
        } else {
            System.out.print(score +"优秀"); // 90~100
        }
        System.out.print("\n用 switch-case 语句实现:");
        switch (score / 10) {
        case 6:
            System.out.print(score +"及格");
            break;
        case 7:
            System.out.print(score +"中等");
            break;
        case 8:
            System.out.print(score +"良好");
            break;
        case 9:
        case 10:
            System.out.print(score +"优秀");
            break;
        default:
            System.out.print(score +"不及格");
        }
    }
}
```

3.
```java
public class Test{
    public static void main(String args[]) {
        int sum =0, i;
        for (i =1; i <=100; i =i +2) {
            sum =sum +i;
        }
        System.out.println("sum =" +sum);
    }
}
```

4.
```java
public class Test{
    public static void main(String args[]) {
        long sum =0;      // 和
        long a =0;        // 当前项
        for (int i =1; i <=10; i++) {
            // 后一项等于前一项乘以 10 再加 8
            a =a * 10 +8;
            sum =sum +a;
        }
```

```
        System.out.println("8 +88 +… 的前 10 项的和 =" + sum);
    }
}

5. public class Test{
    public static void main(String[] args) {
        System.out.println("1～100 能被 15 整除的数:");
        int cnt = 0;
        for (int i = 1; i <= 100; i++) {
            // 如果不能被 15 整除,则不进行统计和输出
            if (i % 15 != 0)
                continue;
            // 统计个数
            cnt++;
            // 输出能被 15 整除的数字
            System.out.print(i + " ");
        }
        System.out.print("\n 一共有" + cnt + "个。");
    }
}
```

第 3 章　数　　组

课堂练习 1

1. C   2. A   3. B   4. D

课堂练习 2

1. A   2. B   3. A

习题 3

一、单选题

1. B   2. B   3. D   4. D   5. D

二、简答题

1. 简述数组中的 5 个重要概念。

答:数组中有 5 个重要概念,分别是:数组的名称、数组中的元素(element)、数组的类型、数组的索引和数组的长度。

2. 简述创建一维数组的两种方式。

答:一维数组根据数组内存空间分配的不同方式,可以分为静态创建方式和动态创建方式。

静态创建方式:数组的类型[] 数组名 ={元素 1,元素 2,…,元素 n};

动态创建方式:数组的类型[] 数组名 = new 数组的类型[数组的长度];

3. 简述栈内存和堆内存的区别。

答：栈内存，其特点是"先进后出"或者"后进先出"，如游戏手枪中的弹夹一样，最后压入弹夹的子弹会第 1 个发射出去，而第一颗压入的子弹会最后一个发射出去。这里说的栈特指方法栈，当运行一个方法时，JVM 就会开辟一个方法栈空间，用来存储该方法中定义的局部变量的值。

堆内存相对栈内存来说，空间较大，主要用来存储引用类型数据的值，如数组或对象等。

4. 如何遍历二维数组？

答：二维数组的遍历就是对二维数组中的所有元素按照相同的规律进行获取，常采用 for 循环方式。需要注意以下两个区别：数组名.length 表示二维数组中的元素个数。数组名[索引].length 表示二维数组中索引所对应的一维数组的长度。

5. 简述不规则数组和规则数组的区别。

答：在定义二维数组的时候，组成二维数组中的一维数组的长度通常相同，被称为规则数组，而如果组成二维数组中的一维数组的长度不同，则被称为不规则数组（或锯齿数组）。

三、编程题

1.
```java
public class Test {
    public static void main(String[] args) {
        int[] a = { 1, 2, 3, 4, 5 };
        int i;
        //正序
        System.out.println("正序:");
        for (i=0; i<a.length; i++) {
            System.out.print(a[i]+" ");
        }
        System.out.println();
        //倒序
        System.out.println("倒序:");
        for (i=a.length-1; i>=0; i--) {
            System.out.print(a[i]+" ");
        }
    }
}
```

2.
```java
public class Test {
    public static void main(String[] args) {
        int a[][]={ {3,2,6}, {6,8,2,10}, {5}, {12,3,23} };
        int max = a[0][0];
        int min = a[0][0];
        for(int i=0; i<a.length; i++) {
            for(int j=0; j<a[i].length; j++) {
                if (a[i][j] >max) {
                    max=a[i][j];
                }else if (a[i][j] <min) {
                    min=a[i][j];
```

```
                    }
                }
            }
            System.out.println("最大的元素:" +max);
            System.out.println("最小的元素:" +min);
        }
    }

3. public class Test {
    public static void main(String[] args) {
        char y[][]=new char[10][10];
        for(i=0;i<10;i++)
        {
            for(j=0;j<10;j++)
            {
                if(i==j||(i+j)==y.length-1) {
                    y[i][j]='*';
                }else {
                    y[i][j]='#';
                }
                    System.out.print(y[i][j] +" ");
            }
            System.out.println();
        }
    }
}

4. public class Test {
    public static void main(String[] args) {
        int[] x=new int[50];
        int i,j;
        for(i=0;i<50;i++){
            x[i]=2 * i+1;
            if(i%10==0){
                    System.out.println();
        }
            System.out.print(x[i]+" ");
        }
    }
}
```

第4章 类 与 对 象

课堂练习1

1. C   2. B   3. D   4. C   5. B

课堂练习 2

1. C   2. B   3. A   4. A   5. B

习题 4

一、单选题

1. D   2. D   3. A   4. C   5. D
6. B   7. C   8. B   9. A   10. B

二、简答题

1. 简述面向对象编程的三大特征。

答：面向对象程序设计的三大特征：封装性、继承性和多态性。封装性有两种表现形式：一种是类本身，类中封装了同一类事物所具有的特征（属性）和行为（方法）；另一种是通过访问权限修饰符控制类中哪些成员是否可以被访问（可见性）。继承讲的是一种程序块之间的代码重用性关系。Java 语言中的继承满足单继承关系。多态性是指相同的行为（方法）在不同情况下会产生不同形态的结果，具体分为静态多态和动态多态两种。

2. 构造方法是什么？它有哪些特征？

答：构造方法用来创建对象并对属性进行初始化。构造方法有以下几个基本特征：①构成方法的访问权限默认和类的访问权限一致，如类是 public（公有）的，则默认构造方法也是 public。当然，程序员也可以自行指定；②构成方法在定义上没有返回类型，也不要写 void；③构成方法名必须和类名完全一致；④构成方法不能直接调用，只能由内存分配符（new）调用。

3. Java 语言中的变量如何分类？

答：变量按照其作用范围（生存周期的长短）可以分 3 种：局部变量、实例变量（也称属性）和类变量。实例变量和类变量因为都是在类中、方法外声明，所以也被称为类中的成员变量。局部变量只可以在定义的方法或者方法内的代码块中使用。实例变量只可以在对象存活时使用，它是每个对象独有的变量。类变量在类加载时由系统自动创建，并按照数据类型赋初值。类变量存放在内存中的方法区，只要类还在内存中，类变量就一直存在，它是 3 种变量中作用范围最大的，是让多个对象共用的变量。

4. this 是什么？其用法有几种？

答：this 表示当前对象，即方法是哪个对象调用的，this 就指代哪个对象。this 的用法有两种：this. 和 this()。this. 表示当前对象，通常可以省略。只有一种情况不可以省略，即实例变量和局部变量重名时。this() 可以完成同一个类中不同构造方法之间的调用，this() 必须是构造方法中的第一行语句，注释语句除外。

5. 简述方法传值和传地址的区别。

答：在传值方法内对参数的修改，通常不会带到方法外。除非满足两个条件，才可以把结果带到方法外：①该方法有返回类型；②方法外有变量接收该方法的返回结果。

方法的参数如果是引用数据类型，则在方法调用时，实参会把引用（内存地址）传递给形参。这时实参与形参指向同一块内存。即使该方法没有返回类型，也可以把方法内的修改传递到该方法外。

6. 简述方法重载。

答：方法重载的定义规则如下：①在一个类中(或者具有继承关系的父子类中)有多个方法名相同；②方法的参数列表不同。参数列表主要看参数的类型是否完全一致，还包括参数个数和位置等信息，和参数名无关；③方法重载和方法的返回类型以及访问权限修饰符无关。

方法重载调用的规则如下：①优先调用方法名和参数列表完全一致的方法执行；②如果没有完全一致的方法，则可以调用参数类型向上兼容的方法。

三、编程题

```java
1. public class Film {
    String actor, name; // 主演、影片名称
    // 构造方法
    Film(String actor, String name) {
        this.actor = actor;
        this.name = name;
    }
    // 上映
    void online() {
        System.out.println(name + "上映");
    }
    // 下线
    void offline() {
        System.out.println(name + "下线");
    }
}

class TestFilm {
    public static void main(String[] args) {
        Film three = new Film("阿米尔汗", "三傻大闹宝莱坞");
        three.online();
        three.offline();
        Film nation = new Film("唐国强", "建国大业");
        nation.online();
        nation.offline();
    }
}
```

```java
2. public class Programmer {
    String name;              // 姓名
    int age;                  // 年龄
    boolean isLeader;         // 是否担任小组长
    // 构造方法
    Programmer(String name, int age, boolean isLeader) {
        this.name = name;
        this.age = age;
        this.isLeader = isLeader;
```

```java
    }
    // 显示属性信息
    void show() {
        System.out.print("姓名:" +name +", 年龄:" +age);
        if (isLeader) {
            System.out.println(", 是小组长。");
        } else {
            System.out.println(", 不是小组长。");
        }
    }
}
public class TestProgrammer {
    public static void main(String[] args) {
        Programmer p1 =new Programmer("刘冬", 25, true);
        p1.show();
        Programmer p2 =new Programmer("宋夏", 29, false);
        p2.show();
    }
}
```

3.
```java
public class Rectangle {
    public double length, width;        // 长和宽
    // 构造方法
    public Rectangle(double length, double width) {
        this.length =length;
        this.width =width;
    }
    // 求面积
    public double getArea() {
        return length * width;
    }
}
public class Cuboid {
    public Rectangle bottom;          // 底
    public double height;             // 高
    // 构造方法
    public Cuboid(Rectangle bottom, double height) {
        this.bottom =bottom;
        this.height =height;
    }
    // 计算长方体的体积
    public double getCubage() {
        double cubage =bottom.getArea() * height;
        return cubage;
    }
}
```

```
public class TestCuboid {
    public static void main(String[] args) {
        // 创建长方形的对象
        Rectangle rect = new Rectangle(1, 2);
        // 创建长方体的对象
        Cuboid cub = new Cuboid(rect, 3);
        // 输出长方体的信息
        System.out.print("长方体的长:" + cub.bottom.length);
        System.out.print(", 宽:" + cub.bottom.width);
        System.out.print(", 高:" + cub.height);
        System.out.print(", 体积:" + cub.getCubage());
    }
}
```

第5章　继承与多态

课堂练习1

1. B　　　　2. C　　　　3. B　　　　4. C　　　　5. B

课堂练习2

1. B　　　　2. C　　　　3. C　　　　4. C

课堂练习3

1. B　　　　2. B　　　　3. B　　　　4. B

习题5

一、单选题

1. C　　　2. C　　　3. A　　　4. C　　　5. A
6. A　　　7. D　　　8. B　　　9. A　　　10. B

二、简答题

1. 简述子类对象的创建过程。

答:在子类对象创建的过程中首先会调用子类的构造方法,但是在子类构造方法里的第一行总会默认调用父类的构造方法,先完成父类的实例变量的初始化,再完成子类的实例变量的初始化,最后才可以创建出子类对象。

2. 简述方法重写与方法重载。

答:当子类和父类中拥有同样的实例方法时,即方法的访问权限修饰符,则返回数据类型,方法名相同时被称为方法重写(或方法覆盖)。子类对象调用时,优先使用子类自己定义的实例方法,为了能够访问到父类的实例方法,需要使用"super.实例方法名()"。

在继承关系的子类和父类方法中也存在方法重载的情况,即在子类实例方法和父类实例方法中,方法名相同,参数列表不同,也被称为方法重载。重载方法的调用由方法名和参数列表决定。

3. 下转型的要求有哪些？

答：下转型的前提条件有两个：①必须先有上转型，才可以进行下转型，没有上转型的过程不可以进行下转型操作；②子类型如何上转型为父类型，就需要父类型如何下转型为子类型。这里主要针对的是一个父类有多个子类的情况，下转型时很容易出现转型异常。

4. 简述 super 的用法。

答：super 的用法有两个。super()在子类构造方法里的第一行总会默认调用父类的构造方法；为了能够访问到被子类实例变量隐藏的父类的实例变量，需要使用"super.实例变量名"，这里的"super."表示对父类的引用。为了能够在子类中访问到父类的实例方法，需要使用"super.实例方法名()"。

5. final 的用法有哪些？

答：一个类被 final 修饰时，这个类称为最终类。最终类不能被继承，即不能有子类。

一个方法被 final 修饰时，这个方法称为最终方法。最终方法不能被方法重写。final 修饰的变量可以分为成员变量、局部变量和形参，被称为最终变量。无论修饰哪种变量，它的含义都是相同的，即最终变量一旦赋值，就不可改变，可以理解为常量。

三、编程题

```
1. class Ape{
       Ape(String s){   }
           public void speak(){
               System.out.println("咿咿呀呀......");
           }
   }
   class People extends Ape{
       People(){
               super("");
       }
       public void speak(){
               System.out.println("小样的,不错嘛!");
       }
       void think(){
               System.out.println("别说话! 认真思考!");
       }
   }
   class E{
       public static void main(String[] args){
               Ape yuan =new Ape("");
               yuan.speak();
               People p =new People();
               p.speak();
               p.think();
       }
   }
```

2. // 父类
```java
public class Bird {
    int leg =2;
    int flychi =2;
    public void sing() {
        System.out.println("I'm a bird!");
    }
    public void fly() {
        System.out.println("I can fly!");
    }
    public void grow() {
        System.out.println("I have two wings and two legs!");
    }
}
// 麻雀
class Sparrow extends Bird {
    int age;
    int weight;
    public void sing() {
        System.out.println("I'm a sparrow!");
    }
    public void printAge() {
        System.out.println("My age is " +age);
    }
    public void printWeight() {
        System.out.println("My weight is " +weight);
    }
    public void setAge(int age) {
        this.age =age;
    }
    public void setWeight(int wight) {
        this.weight =weight;
    }
}
// 鸵鸟
class Ostrich extends Bird {
    int speed;
    int height;
    public void sing() {
        System.out.println("I'm a ostrich!");
    }
    public void fly() {
        System.out.println("I can't fly!");
    }
    public void printSpeed() {
```

```java
            System.out.println("My speed is " +speed);
        }
        public void printHeight() {
            System.out.println("My height is " +weight);
        }
        public void setSpeed(int speed) {
            this.speed =speed;
        }
        public void setHeight(int hight) {
            this.height =height;
        }
    }
```

3.
```java
    class Shape {
        double length, area;
        double getLength() {
            return length;
        }
    }
    class Triangle extends Shape {
        double a, b, c;
        Triangle(double a, double b, double c) {
            this.a =a;
            this.b =b;
            this.c =c;
        }
        double getLength() {
            return a +b +c;
        }
    }
    class Rctangle extends Shape {
        double width, length;
        Rctangle(double length, double width) {
            this.length =length;
            this.width =width;
        }
        double getLength() {
            length = (width +length) * 2;
            return length;
        }
    }
    class E {
        public static void main(String[] args) {
            Triangle t =new Triangle(3, 4, 5);
            Rctangle j =new Rctangle(2, 3);
            Shape a =t;
```

```java
            System.out.println(a.getLength());
            Shape b = j;
            System.out.println(b.getLength());
        }
    }
```

4.
```java
class A {
    int i = 1;
    int j = 10;
    void printA() {
        System.out.println("printA of A");
    }
    void printB() {
        System.out.println("printB of A");
    }
}
class B extends A {
    int j = 20;
    int k = 200;
    void printB() {
        System.out.println("printB of B");
    }
    void printC() {
        System.out.println("printC of B");
    }
}
class E {
    public static void main(String[] args) {
        A a = new B();
        System.out.println("a.i = " + a.i);        // extends
        System.out.println("a.j = " + a.j);        // 隐藏
        a.printA();                                // extends
        a.printB();                                // 重写
    }
}
```

5.
```java
class Instrument {
    public void play() {
        System.out.println("弹奏乐器");
    }
}
class Wind extends Instrument {
    public void play() {
        System.out.println("弹奏 Wind");
    }
    public void play2() {
```

```
        System.out.println("调用 Wind 的 play2()方法");
    }
}
class Brass extends Instrument {
    public void play() {
        System.out.println("弹奏 Brass");
    }
    public void play2() {
        System.out.println("调用 Brass 的 play2()方法");
    }
}
class Music {
    public static void tune(Instrument i) {
        i.play();
    }
    public static void main(String args[]) {
        Wind w = new Wind();
        tune(w);
        tune(new Brass());
    }
}
```

第 6 章　抽象类与接口

课堂练习 1

1. B　　　　2. D　　　　3. A　　　　4. C

课堂练习 2

1. C　　　　2. A　　　　3. C　　　　4. B

习题 6

一、单选题

1. B　　　2. D　　　3. D　　　4. C　　　5. B
6. B　　　7. C　　　8. B　　　9. D　　　10. C

二、简答题

1. 简述抽象类与抽象方法的关系。

答：包含抽象方法的类一定是抽象类，需要在类前用 abstract 修饰符修饰，但是抽象类中可以没有抽象方法。抽象类不能实例化，即抽象类不能创建对象。

2. 简述接口和抽象类的区别。

答：抽象类被认为是一种特殊的类，而接口就是一种特殊的抽象类。接口是一套标准，用来规范实现该标准的所有类的特征和行为。接口比抽象类更纯粹，抽象类中的成员变量的值可以被修改,也可以不被修改。接口中只能定义常量,抽象类中可以有抽象方法,也可以没有抽象方法,但是接口中如果有方法时,必须全是抽象方法。

3. 简述接口中常量的访问方式。

答:接口中的常量访问方式有 3 种,分别为①接口名.常量;②类名.常量(类和接口之间必须有实现关系);③对象名.常量。

4. 简述类与接口、接口与接口的关系。

答:类和接口之间是实现关系,实现关系用 implements 关键字表示。实现关系是一种变相的继承关系,满足继承关系中的所有规则,所以接口也可以作为一种特殊的父类出现。接口和接口之间是多继承关系,即一个子接口可以有多个父接口,当子接口继承父接口时,会自动拥有父接口中所有的常量和抽象方法。

5. 简述接口回调的概念。

答:接口回调的本质还是引用类型的上转型。任何实现接口的类的实例(即对象)都可以通过接口名调用。该接口变量可以调用被类实现的接口方法,不能调用类中新增的方法和成员变量,以及从其他接口中实现的方法。

三、编程题

```java
1. abstract class Instrument {
       public abstract void play();
   }
   class Wind extends Instrument {
       public void play() {
           System.out.println("Wind:摇篮曲");
       }
   }
   class Brass extends Instrument {
       public void play() {
           System.out.println("Brass:爱的乐章");
       }
   }
   public class Music {
       public static void tune(Instrument i) {
           i.play();
       }
       public static void main(String[] args) {
           tune(new Wind());
           tune(new Brass());
       }
   }

2. interface Flyable {
       void fly();
   }
   class Plane implements Flyable {
       public void fly() {
```

```java
            System.out.println("我是飞机,用机翼飞。");
        }
    }
    class Bird implements Flyable {
        public void fly() {
            System.out.println("我是大鸟,用翅膀飞。");
        }
    }
    public class TestFly {
        static void makeFly(Flyable f) {
            f.fly();
        }
        public static void main(String[] args) {
            makeFly(new Plane());
            makeFly(new Bird());
        }
    }
```

3.
```java
    interface Computer {
        int computer(int n, int m);
    }
    class Add implements Computer {
        public int computer(int n, int m) {
            return n +m;
        }
    }
    class Subtract implements Computer {
        public int computer(int n, int m) {
            return n -m;
        }
    }
    class Multiply implements Computer {
        public int computer(int n, int m) {
            return n * m;
        }
    }
    class Divide implements Computer {
        public int computer(int n, int m) {
            return n / m;
        }
    }
    class UseCompute {
        public void useCom(Computer com, int one, int two) {
            int result =com.computer(one, two);
            System.out.println("结果是" +result);
        }
```

```java
    }
public class Test {
    public static void main(String[] args) {
        Add add = new Add();
        Subtract sub = new Subtract();
        Multiply mul = new Multiply();
        Divide div = new Divide();
        UseCompute uc = new UseCompute();
        uc.useCom(add, 25, 5);
        uc.useCom(sub, 25, 5);
        uc.useCom(mul, 25, 5);
        uc.useCom(div, 25, 5);
    }
}
```

4.
```java
interface Fightable {
    int MAX = 10;
    void win();
    int injure(int x);
}
class Warrior implements Fightable {
    int experience;
    int blood;
    public void win() {
        experience++;
        System.out.println("获胜了,当前经验值为:" + experience);
    }
    public int injure(int x) {
        blood = blood - x;
        System.out.println("受伤了,当前血液值为:" + blood);
        if (blood < MAX) {
            System.out.println("危险,快点退出战斗!");
        }
        return blood;
    }
}
class BloodWarrior extends Warrior {
    public int injure(int x) {
        blood = blood - x;
        System.out.println("受伤了,当前血液值为:" + blood);
        if (blood < MAX / 2) {
            System.out.println("危险,快点退出战斗!");
        }
        return blood;
    }
}
```

```java
public class TestWarrior {
    public static void main(String args[]) {
        System.out.println("血液值的危险界限为" +Warrior.MAX);
        Warrior w1 =new Warrior();
        w1.blood =30;
        System.out.println("普通战士开始战斗!");
        for (int i =1; i <=2; i++) {
            w1.injure(5);
        }
        w1.win();
        Warrior w2 =new BloodWarrior();
        w2.blood =30;
        System.out.println("斗士开始战斗!");
        for (int i =1; i <=2; i++) {
            w1.injure(5);
        }
        w2.win();
    }
}
```

5.
```java
interface InterfaceA {
    void printCapitalLetter();
}
interface InterfaceB {
    void printLowercaseLetter();
}
class Print implements InterfaceA, InterfaceB {
    public void printCapitalLetter() {
        for (char c ='A'; c <='Z'; c++) {
            System.out.print(c +" ");
        }
        System.out.println();
    }
        public void printLowercaseLetter() {
        for (char c ='a'; c <='z'; c++) {
            System.out.print(c +" ");
        }
        System.out.println();
        }
}
public class Test {
        public static void main(String[] args) {
        InterfaceA a =new Print();
        a.printCapitalLetter();
        InterfaceB b =new Print();
        b.printLowercaseLetter();
```

```
        }
    }
```

第7章 包与访问权限

课堂练习1

1. A   2. B   3. D   4. C   5. A

课堂练习2

1. A   2. A   3. D   4. C   5. B

习题7

一、单选题

1. C   2. A   3. C   4. C   5. A
6. B   7. D   8. D   9. C

二、简答题

1. 简述包的作用以及如何引入包中的类。

答：包是一种容器，用来管理子包、类或者接口。可以使用 import 语句引入已有包中的类。import 语句有两种用法：

① import 包名.[子包名].类名(或接口名)；一次只可以引入一个类或者接口。

② import 包名.[子包名].*；一次可以引入多个类或者接口，但是无法引入包中子包中的类或接口。

2. 简述 4 种访问权限修饰符的区别。

答：访问权限修饰符主要有 4 种，分别是 public(公有)、protected(受保护)、默认以及 private(私有)。private 修饰的成员只对自己类中的成员可见；默认修饰的成员只可以在同一个包中访问；protected 修饰的成员指的是在具有继承关系的父子类，并且父子类在不同包中时，子类对象可以在子类中访问父类中受保护的成员；public 修饰的成员可见性完全开放，没有任何限制。

3. 简述内部类的种类。

答：这个被嵌套在一个类里面的类称为内部类。包含内部类的类称为外部类。根据内部类在外部类中出现的位置以及是否有 static 修饰符，内部类可以分为实例内部类、静态内部类、局部内部类以及匿名内部类 4 种。

4. 简述包装类的作用和常用方法。

答：为了让 8 个基本数据类型也能像引用类型一样使用，于是产生了与基本数据类型相对应的 8 个类，它们被称为包装类。在功能上，包装类能够完成数据类型之间(除 boolean 类型外)的相互转换，特别是基本数据类型和 String 类型的转换。基本数据类型与包装类可以自动互转，字符串借助包装类转换为基本数据类型的格式为：

```
public static type parseType(String s),如 int b=Integer.parseInt("10");
```

三、编程题

1.
```java
// Beer.java
package com;
public class Beer {
    String name;                    // 名称
    public Beer(String name) {
        this.name = name;
    }
    public void drink() {           // 饮用
        System.out.println(name + ":液体面包");
    }
    public void cook() {            // 烹饪
        System.out.println(name + ":别样调料");
    }
}

// Chocolate.java
package com.db;
public class Chocolate {
    String brand;                   // 品牌
    public Chocolate(String brand) {
        this.brand = brand;
    }
    public void eat() {             // 品尝
        System.out.println(brand + ":此刻尽丝滑");
    }
    public void mean() {            // 寓意
        System.out.println(brand + ":Only for your loved ones.");
    }
}

// TestFood.java
package one;
import com.*;
import com.db.*;
public class TestFood {
    public static void main(String[] args) {
        // 金帝巧克力
        Chocolate leconte = new Chocolate("金帝");
        leconte.eat();
        leconte.mean();
        // 青岛啤酒
        Beer tsingtao = new Beer("青岛啤酒");
        tsingtao.drink();
        tsingtao.cook();
    }
}
```

2. // Computer.java
   package one;
   public class Computer {
       // 求最大公约数
       public static int getMaxCommonDivisor(int a, int b) {
           // 通过比较和交换,保证将较大的数放在 a 中
           if (a < b) {
               int t = a;
               a = b;
               b = t;
           }
           // 求两个数的余数
           int r = a % b;
           // 循环运算,直到能被整除为止
           while (r != 0) {
               a = b;
               b = r;
               r = a % b;
           }
           // 最后 b 中存放的一定是最大公约数
           return b;
       }
       // 求最小公倍数
       public static int getMinCommonMultiple(int c, int d) {
           // 两个正整数的乘积 = 最大公约数 * 最小公倍数
           int m = c * d / getMaxCommonDivisor(c, d);
           return m;
       }
   }
   // TestComputer.java
   package two;
   import one.Computer;
   class TestComputer {
       public static void main(String[] args) {
           // 定义两个正整数
           int x = 24, y = 16;
           // 输出最大公约数和最小公倍数
           System.out.println(x + "和" + y + "的最大公约数:"
               + Computer.getMaxCommonDivisor(24, 16));
           System.out.println(x + "和" + y + "的最小公倍数:"
               + Computer.getMinCommonMultiple(24, 16));
       }
   }

3. // Plus.java
   package one;

```java
public class Plus {
    // 求 1 +2 +… +m 的和
    public long add(int m) {
        long sum = 0;
        for (int i = 1; i <= m; i++) {
            sum = sum + i;
        }
        return sum;
    }
}
// Product.java
package two;
public class Product {
    // 求 n!的结果
    public long multiply(int n) {
        long result = 1;
        for (int i = 1; i <= n; i++) {
            result = result * i;
        }
        return result;
    }
}
// C.java
package three;
import one.Plus;
import two.Product;
public class C {
    public static void main(String[] args) {
        // 输出 1 +2 +… +30 的计算结果
        Plus p = new Plus();
        System.out.println("1 +2 +… +30 的结果:" + p.add(30));
        // 输出 10! 的计算结果
        Product b = new Product();
        System.out.println("10! 的结果:" + b.multiply(10));
    }
}
```

4. `// 包 one 中的 A.java`

```java
package one;
public class A {
    private int i;          // int 型的私有变量 i
    float f;                // float 型的变量 f
    protected char c;       // char 型的受保护变量 c
    public double d;        // double 型的公有变量 d
}
// 包 one 中的 B.java
```

```
package one;
public class B {
    public static void main(String[] args) {
        // 在 one.B 的 main() 方法中创建 1 个类 A 的对象 a
        A a = new A();
        // 为对象 a 的成员变量 f 和 d 分别赋值为 2 和 3
        a.f = 2;
        a.d = 3;
    }
}
// 包 two 中的 B.java
package two;
public class B {
    public void f() {
        System.out.println("Happy every day.");
    }
}
// 包 two 中的 C.java
package two;
import one.A;
public class C {
    public static void main(String[] args) {
        // 在 two.C 的 main() 方法中创建 1 个类 A 的对象 a
        A a = new A();
        // 为对象 a 的成员变量 d 赋值为 4
        a.d = 4;
        // 在 two.C 中创建 two.B 的对象 b,并调用方法 f()
        B b = new B();
        b.f();
    }
}
```

5.
```
//文件 Father.java
package a;
public class Father{
    private int age = 42;
    public String name = "laozhang";
    public void work(){
        System.out.println("work hard");
    }
    public void drive(){
        System.out.println("I can drive.");
    }
}
//文件 Son.java
package a;
```

```
public class Son extends Father{
    protected int age =18;
    String name="xiaozhang";
    private void play(){
        System.out.println("enjoy the life.");
    }
    public void study(){
        System.out.println("ai!");
    }
}
//文件 Test.java
package b;
import a.*;
public class Test {
    public static void main(String[] args) {
        Father f =new Father();
        f.drive();
        f.work();
        System.out.println(f.name);
        Son s =new Son();
        s.study();
    }
}
```

第8章　异常处理

习题 8

一、单选题

1. D　　　　2. C　　　　3. C　　　　4. D　　　　5. C
6. A　　　　7. C　　　　8. C　　　　9. D　　　　10. C

二、简答题

1. 简述检查性异常与非检查性异常的区别。

答：按照异常是否需要强制处理，异常可以分为两大类：检查性异常和非检查性异常。非检查性异常编译时不进行检查，到运行时才会显现。检查性异常在编译时进行强制检查，如果没通过，则出现编译错误。

2. 简述异常处理机制。

答：把可能出现异常的代码放在 try{}块中，一旦有异常发生，系统会根据异常的类型创建一个异常对象，然后从 try{}块中把该对象抛出，接着由 catch{}块进行匹配捕获，catch括号中的异常类型如果是抛出异常对象的类型或者其父类型，则交给该 catch{}块处理，处理完异常后，程序可以接着运行。

3. 简述 final、finally 和 finalize 的区别。

答：关键词 final 用于修饰类、成员变量、成员方法和方法的参数。用 final 修饰的成员变量为常量,常量在定义的同时必须赋值,而且值不能再改变;用 final 修饰的类是最终类,不能被继承;用 final 修饰的方法不能被子类重写;用 final 修饰的形式参数在方法体内只能访问,不能修改。

关键词 finally 对应异常处理语句结构的一部分,与 try、catch 配套使用,表示程序必须执行的一部分代码块。

finalize 是 Object 类的方法,在垃圾收集器执行的时候会调用被回收对象的此方法,可以覆盖此方法提供垃圾收集时的其他资源回收,例如关闭文件等。

4. 简述 throw 和 throws 的区别。

答：throw 在方法内抛出异常对象。throws 在方法声明后抛出异常类型名,可以是多个异常类型名,多个异常类型名之间用逗号分隔。

5. 如何定义自定义异常?

答：自定义异常类作系统预定义异常类的补充出现,根据实际项目的需求定义。用户自定义异常类通常只要是 Exception 类的子类就可以。

三、编程题

```
1. class MyException extends Exception {
       MyException() {
           System.out.println("This is MyException class");
       }
   }
   class Teacher {
       public void speak(String s) throws MyException {
           if (s.equals("请不要睡觉")) {
               MyException e =new MyException();
               throw e;
           }
       }
   }
   class TestException {
       public static void main(String[] args) {
           Teacher t =new Teacher();
           try {
               t.speak("睡觉吧!");
           } catch (MyException e) {
               e.printStackTrace();
           }
           try {
               t.speak("请不要睡觉");
           } catch (MyException e) {
               System.out.println("show MyException");
           } catch (Exception e) {
               e.printStackTrace();
           }
```

```
        }
    }

2. class ExceptionTest {
    public static void main(String[] args) {
        try {
            int k[] = { 1, 2, 3 };
            System.out.print(k[4]);
        } catch (ArrayIndexOutOfBoundsException e) {
            e.printStackTrace();
        }
    }
}

3. class Fruit {
    String name;
    Fruit(String name) {
        this.name = name;
    }
    void eat() {
        System.out.println("上午金果,下午银果.");
    }
}
class TestFruit {
    public static void main(String[] args) {
        try {
            Fruit apple = null;
            apple.eat();
        } catch (NullPointerException e) {
            e.printStackTrace();
        }
    }
}

4. public class CustomException extends Exception {
    CustomException() {
        super("This is CustomException class");
    }
}
class Student {
    public void study(int m) throws CustomException {
        if (m == 100) {
            throw new CustomException();
        } else {
            System.out.println(m);
        }
    }
```

```
        }
    class E {
        public static void main(String[] args) {
            Student s = new Student();
            try {
                s.study(50);
            } catch (CustomException e) {
                e.printStackTrace();
            }
        }
    }
```

5.
```
class OurException extends Exception {
    OurException(String s) {
        super(s);
    }
}
class Computer {
    double getMaxCommonDivisor(int a, int b) throws OurException {
        if (a < 0 || b < 0) {
            throw new OurException("不是正整数.");
        }
        // 确保 a 中放比较大的值
        if (a < b) {
            int temp = a;
            a = b;
            b = temp;
        }
        // 求余数
        int r = a % b;
        while (r != 0) {
            a = b;
            b = r;
            r = a % b;
        }
        // 最大公约数存放在 b 中
        return b;
    }
    public static void main(String[] args) {
        Computer cd = new Computer();
        try {
            System.out.println(cd.getMaxCommonDivisor(15, 25));
            System.out.println(cd.getMaxCommonDivisor(-12, 8));
        } catch (OurException e) {
            e.printStackTrace();
        }
```

```
        }
    }
```

第9章 字 符 串

习题9

一、单选题

1. A   2. A   3. C   4. C   5. B

6. B   7. D   8. B   9. C   10. A

二、简答题

1. 简述 String 对象的创建方式。

答：String 对象的创建方式有两种：静态创建方式（常用），把字符串常量赋值给字符串类型的变量；动态创建方式，使用 new 运算符创建。使用静态方式创建的字符串，首先判断常量池中是否有该字符串常量，如果没有，先把字符串常量放在常量池中保存，之后把该常量池中的地址赋值给字符串变量；如果有，直接把常量池中的地址赋值给变量。使用动态方式创建的字符串在堆内存中会额外分配一块新的空间，是把新空间的首地址赋值给字符串变量。

2. 简述 String、StringBuilder 和 StringBuffer 的区别。

答：String 代表一组不可改变的字符序列，对它的任何修改实际上会产生 1 个新的字符串，而 StringBuffer 和 StringBuilder 都代表一组可改变的字符序列。StringBuffer 和 StringBuilder 最的大不同在于，StringBuilder 中的方法不是线程安全的，但是有执行速度上的优势，所以多数情况下建议使用 StringBuilder 类。

3. 简述 StringTokenizer 类执行字符串切分的过程。

答：先确定分隔字符串，之后使用 hasMoreTokens()和 nextToken()方法循环判断被切分字符串是否还有更多的切分子串，如果有，则获取切分子串并输出。

三、编程题

```
1. class ExampleIndex {
    public static void main(String args[]) {
        String s1 ="Hello World!";
        int num =0;
        for (int i =0; i <s1.lastIndexOf('l'); i++) {
            i =s1.indexOf('l', i);
            num++;
        }
        System.out.print("s1 =" +s1 +", e =");
        if (num ==0)
            System.out.println(" no found");
        else
            System.out.println(num);
    }
```

```
    }
2. class Max {
    public static void main(String args[]) {
        String s1 = "Hello Java";
        String s2 = "Java Applet";
        String s3 = "Java";
        String s;
        if (s1.compareTo(s2) < 0)
            s = s2;
        else
            s = s1;
        if (s.compareTo(s3) < 0)
            s = s3;
        System.out.println("big =" + s);
    }
}

3. class EndsWithTest {
    public static void main(String args[]) {
        String s1 = "hello.java";
        String s2 = "person.c";
        String s3 = "test.java";
        String s4 = "b.java";
        String s5 = "###java";
        prt(s1);
        prt(s2);
        prt(s3);
        prt(s4);
        prt(s5);
    }
    public static void prt(String t) {
        if (t.endsWith("Java"))
            System.out.println(t);
    }
}

4. public class Test {
    public static void main(String[] args) {
        String s = "abcba";
        boolean flg = true;
        for (int i = 0; i <= s.length() / 2; i++) {
            if (s.charAt(i) != s.charAt(s.length() - 1 - i)) {
                flg = false;
                break;
            }
        }
```

```
        if (flg) {
            System.out.println("是回文。");
        } else {
            System.out.println("不是回文。");
        }
    }
}
```

5.
```
import java.util.StringTokenizer;
class TestTokenizer {
    public static void main(String[] args) {
        String s = "To be or not to be, that's a question. ";
        StringTokenizer fenxi = new StringTokenizer(s, " ,.");
        int number = fenxi.countTokens();
        System.out.println("字符串包含的单词数:" + number + "个");
        while (fenxi.hasMoreTokens()) {
            String str = fenxi.nextToken();
            System.out.println(str);
        }
    }
}
```

第 10 章　常用工具类

习题 10

一、单选题

1. B   2. B   3. C   4. D   5. B

6. C   7. A

二、简答题

1. 简述 Date 类和 Calendar 类的区别。

答：与时间相关的类通常有两个：一个是 Date 类；另一个是 Calendar 类。Date 类在使用中常用来获取系统的当前时间，并和 SimpleDateFormat 类搭配使用进行日期的格式化。Calendar 类多用于设置和获取日期数据的特定部分，它的功能要比 Date 类强大很多，而且在实现方式上也比 Date 类复杂一些。

2. 简述 Scanner 类的使用。

答：Scanner 类位于 java.util 包中，可以接受用户从控制台上输入的信息。Scanner 对象的创建：Scanner scanner = new Scanner(System.in);该类中有一系列 next()方法可以接收以键盘输入的内容,该方法是一个阻塞方法,即用户不输入,程序不会执行后面的代码,最后利用 close()方法销毁 scanner 对象。

3. 简述 Math 类中的 round()、ceil()和 floor()方法的区别。

答：round(double a)四舍五入，获得最接近 a 的整数;floor(double a)向下取整,获得最接近 a 的整数；ceil(double a)向上取整，获得最接近 a 的整数。

三、编程题

1.
```java
import java.util.Scanner;
public class ScannerTest {
    public static void main(String[] args) {
        Scanner scan =new Scanner(System.in);        // 从键盘接收数据
        int i =0;
        System.out.print("请录入:");
        if (scan.hasNextInt()) {
            i =scan.nextInt();                        // 接收整数
            System.out.println("整数数据:" +i);
        } else {
            System.out.println("该录入值不是 int 类型!");
        }
    }
}
```

2.
```java
import java.text.SimpleDateFormat;
import java.util.Date;
public class DateTest {
    public static void main(String[] args) {
        SimpleDateFormat sf =new SimpleDateFormat("E-MM月-dd日-yyyy年");
        Date date =new Date();
        System.out.println(sf.format(date));
    }
}
```

3.
```java
import java.util.Scanner;
public class ArrayTest {
    public static void main(String[] args) {
        Scanner s =new Scanner(System.in);
        int a[] =new int[5];
        for (int i =1; i <=5; i++) {
            System.out.println("请输入第" +i +"数");
            int temp =s.nextInt();
            a[i -1] =temp;
        }
        for (int j =4; j >=0; j--) {
            System.out.print(a[j] +" ");
        }
    }
}
```

4.
```java
import java.util.*;
class Test {
    public static void main(String args[]){
```

```
System.out.println("请输入若干个整数,每输入 1 个数按回车键确认");
System.out.println("最后输入 1 个非数字,结束输入操作");
Scanner read =new Scanner(System.in);
double sum=0;
int m=0;
double average=0.0;
int x=read.nextInt();
while(x!=0){//判断是否为整数
    m++;
    sum=sum+x;
    x=read.nextInt();
    }
average =sum/m;
System.out.println(m+"个整数的平均值为:"+average);
System.out.println(m+"个整数的和为:"+sum);
    }
}
```

第 11 章 综合项目案例

综合练习

答案略

图 书 资 源 支 持

感谢您一直以来对清华版图书的支持和爱护。为了配合本书的使用，本书提供配套的资源，有需求的读者请扫描下方的"书圈"微信公众号二维码，在图书专区下载，也可以拨打电话或发送电子邮件咨询。

如果您在使用本书的过程中遇到了什么问题，或者有相关图书出版计划，也请您发邮件告诉我们，以便我们更好地为您服务。

我们的联系方式：

地　　址：北京市海淀区双清路学研大厦 A 座 714

邮　　编：100084

电　　话：010-83470236　010-83470237

客服邮箱：2301891038@qq.com

QQ：2301891038（请写明您的单位和姓名）

资源下载：关注公众号"书圈"下载配套资源。

资源下载、样书申请

书 圈

获取最新书目

观看课程直播